BIM 技术应用教程
（Revit Architecture 2016）

主　编：赵伟卓　徐媛媛
副主编：寇美侠　魏科丰
参　编：董宇鹏　邱　景　张建栋
　　　　杨少松　李　娟　高家繁
　　　　陈春艳　温运威

东南大学出版社
·南京·

内容提要

本书旨在帮助读者掌握 Revit Architecture(2016)软件的各种操作技能,并运用 Revit 软件进行建筑信息模型的创建。全书共分为 21 章,内容包括:概述、软件启动、界面、标高轴网、墙体、门窗、楼板与天花板、幕墙、柱、台阶与坡道、散水、楼层复制、楼梯、洞口、屋顶、场地、标注、明细表、出图、族、体量。

本书内容丰富、结构清晰,以图文并茂的方式由浅入深地讲解了软件的基本功能、操作技巧和操作流程。为使读者能够更好地进行学习并有效地掌握相关内容,软件运用部分录制了详细的操作视频,并以二维码的呈现方式与章节内容一一对应,读者通过扫码即可观看视频进行学习。

本书可作为各大院校工程管理、工程造价、土木工程等专业的教学用书,也可供工程技术人员参考学习。

图书在版编目(CIP)数据

BIM 技术应用教程(Revit Architecture 2016)/赵伟卓,徐媛媛主编. — 南京:东南大学出版社.(2021.8 重印)
ISBN 978-7-5641-7970-0

Ⅰ.①B… Ⅱ.①赵…②徐… Ⅲ.①建筑设计—计算机辅助设计—应用软件—教材 Ⅳ.①TU201.4

中国版本图书馆 CIP 数据核字(2018)第 203758 号

BIM 技术应用教程(Revit Architecture 2016)

出版发行:东南大学出版社
社　　址:南京市四牌楼 2 号　邮编:210096
出 版 人:江建中
责任编辑:史建农　戴坚敏
网　　址:http://www.seupress.com
电子邮箱:press@seupress.com
经　　销:全国各地新华书店
印　　刷:南京京新印刷有限公司
开　　本:787 mm×1092 mm　1/16
印　　张:10.25
字　　数:243 千字
版　　次:2018 年 9 月第 1 版
印　　次:2021 年 8 月第 2 次印刷
书　　号:ISBN 978-7-5641-7970-0
定　　价:42.00 元

(本社图书若有印装质量问题,请直接与营销部联系。电话:025 - 83791830)

前　言

建筑信息模型(Building Information Modeling,简称 BIM)是通过数字信息技术创建的集成了建筑工程项目所具有的各种真实信息的多维工程数据模型,是在建设项目全生命周期中对建筑工程物理和功能特性的数字化集成和可视化表达。BIM 技术能够在项目规划、设计、施工及运营维护的全过程有效地管理和控制工程信息的采集、存储和交流,使设计人员和工程技术人员能够根据建筑信息作出正确的应对,显著提高工作效率,减少风险,并为建设项目各参与方的协同工作奠定了坚实的基础。Revit 是为建筑业开发的,专为建筑信息模型(BIM)而构建的系列软件,能够帮助设计人员和工程技术人员进行参数化设计和三维模型的创建与应用,掌握 Revit 软件也是从事 BIM 技术相关工作的基础。

本书在内容上精心组织,注重知识引导,突出技术性和实用性,全面系统地介绍了 Revit Architecture 软件的基本功能、操作技巧和应用流程。为使读者更好的掌握相关软件技能,本书还录制了操作视频与章节内容一一对应,读者可以通过扫描二维码的方式进行学习,极大地提高了学习效率,并有利于巩固学习成果。

本教材由江西理工大学应用科学学院赵伟卓、郑州财经学院徐媛媛担任主编,由武汉科技大学城市学院寇美侠、长江大学工程技术学院魏科丰担任副主编。

具体分工如下:赵伟卓编写了第一、二、三、五、八、十三、十七、十八、十九、二十、二十一章,徐媛媛编写了第四、六、七、九章,寇美侠编写了第十、十一、十二章,魏科丰编写了第十四、十五、十六章。

本书在编写过程中,感谢江西理工大学应用科学学院董宇鹏、邱景、张建栋,江西建设职业技术学院杨少松,长沙职业技术学院李娟给予的大力支持,本书相关视频学习资料由江西理工大学应用科学学院高家繁、陈春艳、温运威参与录制和制作,在此一并表示衷心感谢。

全书由于时间仓促加之编者水平有限,书中难免存在不足之处,恳请各位同行、专家和广大读者对本书提出宝贵的意见和建议。

编者
2018 年 8 月

目 录

第一章

概 述

一、Revit 软件简介

Revit 软件是 Autodesk 公司专为建筑行业推出的建筑信息模型构建软件,它支持建筑项目所需的模型、设计、图纸和明细表,并可以在模型中记录建筑构件的材料、数量、价格等工程信息。Revit 软件主要包括建筑设计(Architecture)、结构工程(Structure)和 MEP (Mechanical、Electrical、Plumbing,即机械、电力、管道的缩写)工程设计。本书以 Revit 2016 版本为例进行软件功能的介绍。

二、Revit 软件的特点

1. 关联性

在 Revit 软件中图纸、模型和明细表均建立在同一个建筑信息模型数据库中,三者具有紧密的关联性,进而能够实现修改一处、处处更新的简便高效操作,避免了多次重复修改带来的麻烦和错误,节约了大量的人力成本和时间成本。

2. 可视化

通过 Revit 软件对建筑信息模型的创建,能够快速将二维线条转换为三维实物,并生成带有构件信息的三维模型,不仅能够进行效果展示,还能使建筑设计、施工、运维等阶段的各个参与方在可视化的状态下进行决策、沟通和优化,为多专业协同提供依据,实现"所见即所得"。

3. 参数化

从单一构件到复杂组件,Revit 软件能够为各种图形构建参数化框架,通过参数的设置建立图元之间的关系,实现对建筑信息模型更加精确和灵活的控制。如图 1-1 所示。

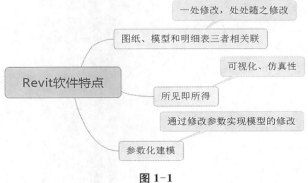

图 1-1

1

三、Revit 架构

1. 按横向图元分类

Revit 按横向图元分类包括模型图元、基准图元和视图专有图元（图 1-2）。

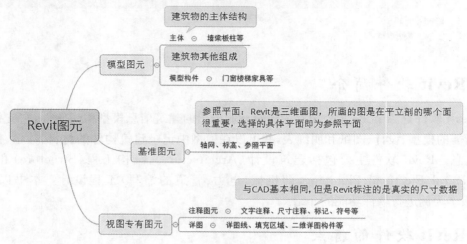

图 1-2

2. 按纵向图元分类

Revit 按纵向图元分类包括类别、族和类型（图 1-3）。

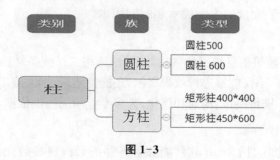

图 1-3

第二章

软件启动

Revit 软件是标准的 Windows 应用程序，可以像其他 Windows 软件一样通过双击其快捷方式启动。启动后，默认会显示"最近使用的文件"界面。如果在启动 Revit 时，不希望显示"最近使用的文件"，可以勾去相应选项（如图 2-1）。

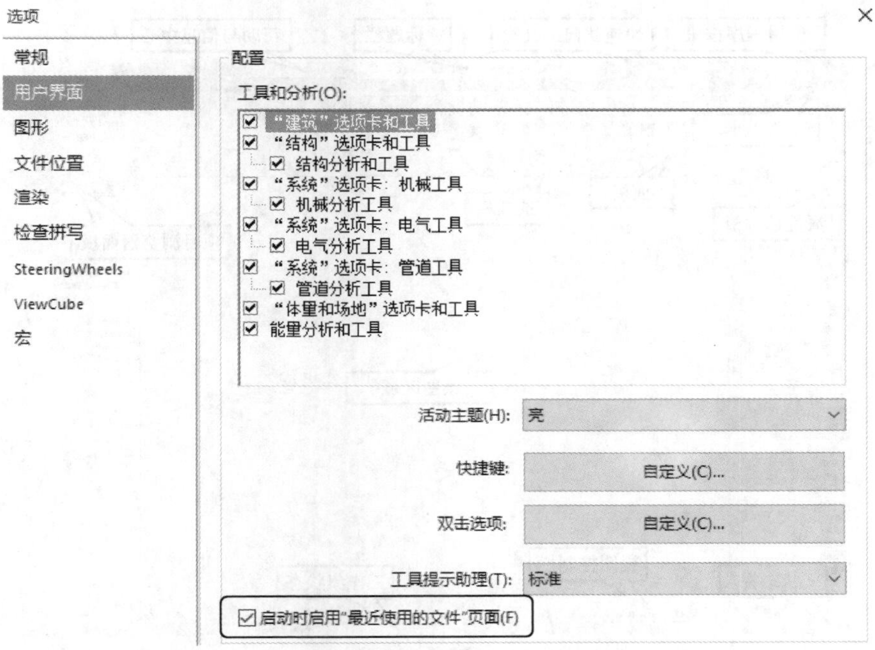

图 2-1

第三章

界　面

一、Revit 界面简介

Revit 界面如图 3-1 所示。

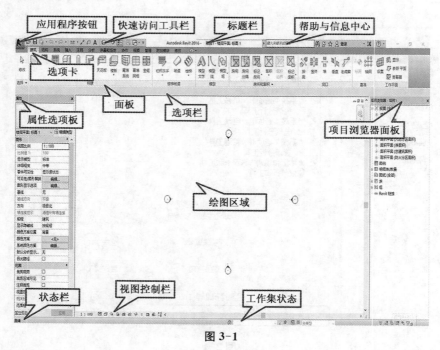

图 3-1

1. 应用程序按钮

（1）内容：包括新建、打开……

（2）导出：IFC——国际通用格式，与别的建模工具相交流时使用 IFC 格式

（3）报告：导出明细表——项目中的工程量

2. 快速访问工具栏

🔲 工作集——协同的时候使用

✏️ 尺寸标注

📦 三维

🔘 剖面

3. 标题栏

表示软件名称版本号和所做项目名称——视图名称(图3-2)。

Autodesk Revit 2016 - 项目1 - 楼层平面: 标高 1

图 3-2

4. 选项卡

包含建筑、结构、系统等,软件绘图的绝大部分功能都集中在选项卡下(图3-3)。

建筑 结构 系统 插入 注释 分析 体量和场地 协作 视图 管理 附加模块

图 3-3

5. 面板

在选项卡下面有各种面板,如在建筑选项卡下面有各种模型构件面板。所有的功能都显示在面板上。

6. 项目浏览器

项目中所有构件、图纸(包括所建的模型、图纸等)(图 3-4)。在项目浏览器中可以打开具体的图纸,打开工程后在项目浏览器中可以查看楼层、三维等。

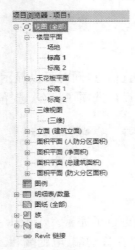

图 3-4

7. 属性选项

显示绘制过程中各构件及图纸的具体材质、尺寸等信息及相关设置。

8. 绘图区

(1) View Cube

View Cube 用来确定模型的位置及看图方向(如图 3-5)。可以用鼠标左键按住后进行转动,视图中的模型也随之进行三维转动,还可以通过点击上、左、前等位置将视图快速切换至相应的方向。

| 图 3-5 | 图 3-6 | 图 3-7 |

（2）导航栏

在导航栏（如图 3-6）中，点击 ⊙ 按钮，出现导航盘（如图 3-7），其中每个按钮都有固定的功能。点击 🔍 按钮，可以将区域放大。

9. 视图控制栏

视图控制栏在绘图区域最下方，主要的功能是控制显示效果，设置隐藏以及比例等，在绘制平面图中使用较多且功能明显（图 3-8）。

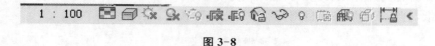

图 3-8

10. 状态栏

状态栏能够显示鼠标放置的位置信息，同时可以显示具体命令的操作（图 3-9）。主要包括当前操作状态、工作集状态栏、设计选项栏状态、选择基线图元等。

墙：基本墙：120砌体墙：R0

图 3-9

11. 帮助与信息中心

在 Revit 2016 版本以后此功能进行了完善。Autodesk A360 相当于在线云盘，可以进行在线模型的浏览，模型上传后可以在移动端、电脑端和云端进行查看（图 3-10）。

图 3-10

二、应用菜单

点击"应用程序按钮",出现的界面右下方有一个"选项"按钮(图 3-11)。点击该按钮,出现的对话框中包括"常规""用户界面""图形""文件位置"等选项。

图 3-11

1. 常规

(1) 通知

设置保存提醒间隔,只告知不自动保存。

(2) 日志文件清理

日志文件相当于所建模型的备份文件,例如绘制的模型保存为 0001,继续绘制后保存为 0002,那么后画的构件在 0001 文件中就没有了,而是保存在 0002 以及后续的备份文件中,同时原文件中也进行了保存。

此选项下可设置日志清理数量,如日志文件超过 10 个会自动清理(图 3-12)。

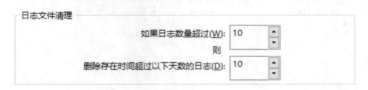

图 3-12

2. 用户界面

用户界面中的内容对应着软件界面上的相应选项卡,可以根据需要把不需要的选项卡取消勾选。例如,模型只需建立建筑工程和结构工程,而不需建立机电工程,则可把"系统"选项卡取消勾选。通常,用户界面保持软件默认的模式即可(图 3-13)。

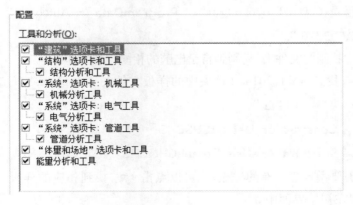

图 3-13

3. 图形

可以设置背景、选择、警告等颜色，如绘图时习惯使用 CAD 黑色背景，可在背景颜色中进行修改，其他颜色可以根据爱好和需要自行变动（图 3-14）。

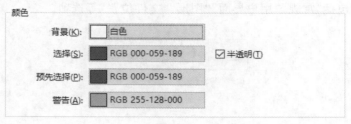

图 3-14

4. 文件位置

该选项中会显示最近使用过的样板（图 3-15）。同时，也可设置默认的样板文件、用户文件默认路径、族样板文件默认路径等。

项目样板文件(T):在"最近使用的文件"页面上会以链接的形式显示前五个项目样板。

名称	路径
构造样板	C:\ProgramData\Autodesk\RVT 2016\Templat...
建筑样板	C:\ProgramData\Autodesk\RVT 2016\Templat...
结构样板	C:\ProgramData\Autodesk\RVT 2016\Templat...

图 3-15

有时样板可能会丢失，出现名称和路径为空的情况。找回样板的步骤如下：

（1）进入选项—文件位置，点击加号 ，找文件位置。

在安装 Revit 时要联网，否则族库样板库不会下载，但也可以在别的电脑上进行拷贝，路径如下：

文件位置的目录：C 盘—Program Data" **ProgramData** "—Autodesk " **Autodesk**"—RVT 2016" **RVT 2016** "。

在其他电脑中找到此文件夹，复制到自己电脑的相同位置中即可。

（2）点击 ，找到 RVT 2016 文件夹中的样板文件夹 Templates" **Templates** "，双击选择 China 文件夹" **China** "。

建筑样板： Construction-DefaultCHSCHS

结构样板： Structural Analysis-DefaultCHNCHS

此外，如果需要做自己专有的样板，也可以点击 ，找到相应的样板，点击打开，然后确定，样板会出现在初始界面中。

三、视图卡相关功能

1. 立面标记

立面标记（如图 3-16）对应东、南、西、北四个立面。可以通过删除立面标记进而删除立面，因此建模时不要删掉立面标记。若删掉后想恢复，则可在视图卡下点击"立面"，进行放置立面标记操作，放置后点击立面标记的圆圈，通过勾选方框选择立面方向（如图 3-17）。

图 3-16　　　　　　图 3-17　　　　　　图 3-18

2. 上下文关联卡

点击具体构件，会显示跟构件相关的修改命令（如图 3-18），属性部分也会自动改为与所选构件相关，在此可进行具体信息的修改。尤其注意，此功能可以显示工程量。

3. Revit 选项栏

该选项栏在绘制构件时会显示相应构件信息（图 3-19）。例如，绘制墙体，则会显示高度（或深度）、所在楼层平面、定位线等信息，可以在此进行构件具体的设置，然后绘制构件。绘制完成后按两下 Esc 键关闭命令。其中，按第一下 Esc 键结束绘制，按第二下 Esc 键结束命令。

图 3-19

4. 属性栏

属性栏主要包括类型选择器、属性过滤器、编辑类型及实例属性四个部分（如图 3-20）。

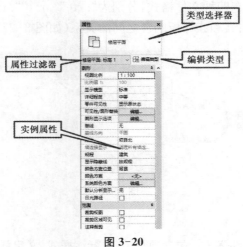

图 3-20

（1）类型选择器：可以选择同一类构件的不同尺寸规格。

（2）属性过滤器：过滤同一类构件，显示构件的数量等。

（3）编辑类型：将同一类构件的信息进行整体编辑。

（4）实例属性：分别编辑具体构件的相关属性信息。

类型代表一类构件，实例代表一个构件。在编辑类型中，若对构件属性进行变动，则同类构件均会随之变动；而在实例属性中，若变动构件属性，则只变动当前构件的属性。

5. 功能区状态切换

单击选项卡右侧的功能区状态切换符号 [图标] （见图 3-21），可将功能区视图在"显示完整的功能区""最小化到面板平铺""最小化至选择卡"三个状态间循环切换。

图 3-21

四、Revit 基本术语

1. 项目

在 Revit 中，可以简单地将项目理解成 Revit 的默认存档格式文件。该文件中包含了工程所有的模型信息和其他工程信息（如：材质、造价、数量等），还可以包括设计中生成的各种图纸和视图。Revit 软件低版本无法打开高版本的项目，高版本打开低版本项目后需升级，当保存以后，低版本将无法再打开。

2. 文件格式

Revit 软件中常用的有四种文件格式，分别为".rte"".rvt"".rft"".rfa"。这四种文件格式表示了项目、项目样板、族和族样板四者之间的关系（如图 3-22）。

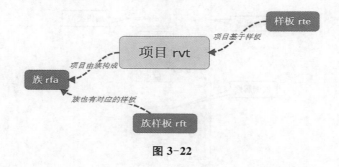

图 3-22

（1）.rte

.rte 表示项目样板文件格式。包含项目单位、标注样式、文字样式、线型、线宽、线样式、导入及导出设置等内容。

（2）.rvt

.rvt 表示项目文件格式。包含项目所有建筑模型、注释、视图、图纸等项目内容。通常基于项目样板（.rte）创建项目文件，编辑完成后保存为.rvt 文件，作为设计使用的项目文件。

（3）.rft

.rft 表示可载入族的样板文件格式。创建不同类别的族要选择不同的样板文件。

（4）.rfa

.rfa 表示可载入族的文件格式。用户可以根据项目需要创建自己常用的族文件，以便随时在项目中调用。

此外，Revit 还支持其他格式文件，可以与很多软件实现互导。

3. 项目样板

项目样板为预先载入了一些族并进行了一些设置的模板。

新建项目时，通常需要根据项目选择所需样板（图 3-23）。

图 3-23

4. 标高

标高用于表示垂直高度或楼层，软件中用于表示模型各部分及构件的高度。

5. 图元

图元是基本的图形单元，指软件中的图形数据所对应绘图区域中可见的图形实体。在项目中建立的柱、墙、门、窗、尺寸标注等均可称为图元。

6. 族

"族"是 Revit 使用过程中功能强大的概念。在 Revit 软件中，所有图元都是基于族的，族包括可载入族、系统族和内建族（图 3-24）。

图 3-24

7. 族样板

族的建立所基于的样板。

8. 参数化

Revit 中的构件均由参数进行控制,用参数可以快速且准确地进行构件属性的调整。

9. 类型参数和实例参数

(1)类型参数

同一个族的多个相同类型被载入到项目中,该类型参数的值一旦被修改,该类型的所有个体的参数值都会相应被修改。

(2)实例参数

同一个族的多个相同类型被载入到项目中,该类型的其中一个实例参数值被修改,只有被修改的这个实例会发生变化,该类型中其他实例参数的值仍保持不变。

10. 工作平面

虚拟的二维表面,每个视图都与工作平面相关联,在平面视图、三维视图、绘图和族编辑器视图中,工作平面是自动设置的。

11. 草图模式

画图时出现草图线,要求是闭合的环线,否则不能生成构件(如图 3-25)。

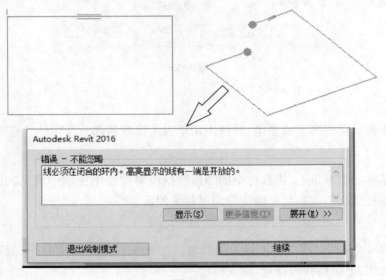

图 3-25

五、项目建立

步骤:新建建筑样板,点击"管理"选项卡 管理 ,相关选项按钮如图 3-26 所示。

图 3-26

1. 捕捉

Revit 通过显示捕捉点或捕捉线的方式来对图元、构件和线进行排列。在绘制直线、弧线、圆形线或者放置图元时,使用捕捉功能可根据位置的需要与现有几何图元进行对齐。捕捉点在绘图区域显示为三角形、正方形或菱形等,捕捉线在绘图区域显示为虚线。可选择关闭捕捉,但绘图时通常启用捕捉功能(图 3-27)。

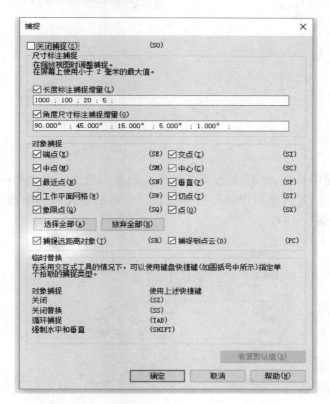

图 3-27

2. 项目信息

用来输入项目的发布日期、项目地址、项目名称等相关项目信息(图 3-28)。

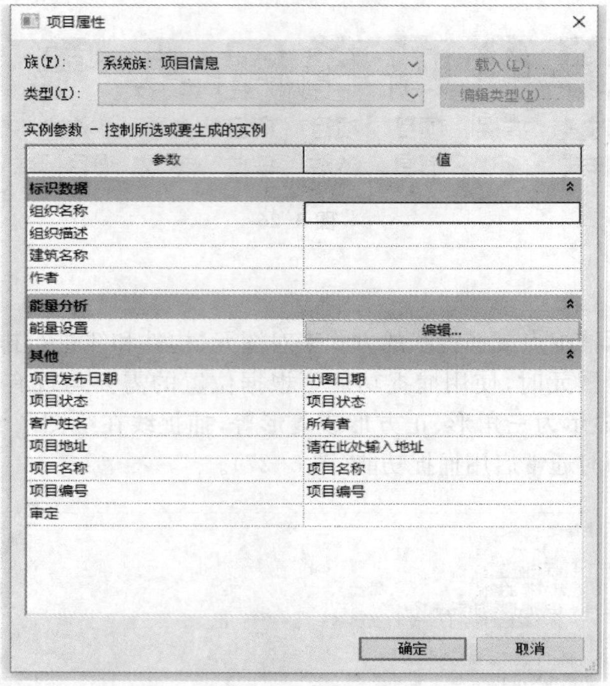

图 3-28

3. 项目单位

　　用于指定项目中长度、面积、坡度等各种单位的显示格式。点击相应单位的格式，可以进行单位、小数位数、是否显示单位符号等设置。设置的格式将影响数值在绘图及打印输出时的表达形式（图 3-29）。

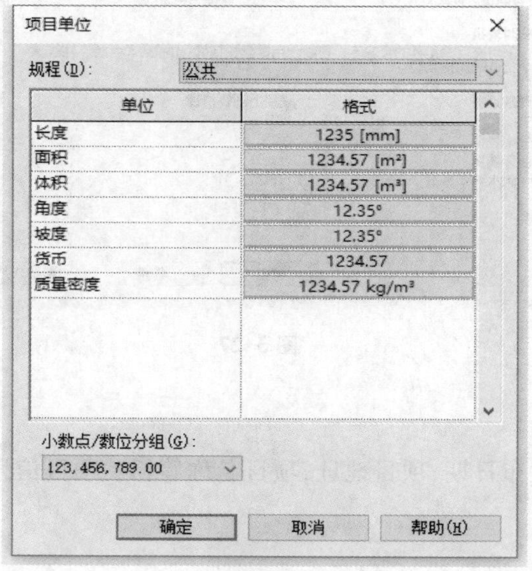

图 3-29

六、视图

点击"视图" 视图 按钮,将显示"视图"选项卡下的相关功能,Revit 中视图的种类包括三维视图、剖面、详图索引、平面视图和立面(图 3-30)。

图 3-30

1. 三维视图

三维视图包括默认三维视图、相机和漫游三种功能(图 3-31)。在三维模式下点击"相机",设置方向和角度,则可通过拍照的方式生成一幅图片,并可在项目浏览器的三维视图中对此图片进行命名。漫游是通过对模型进行路径设置来创建动画,也可以使用导航控制盘进行漫游。

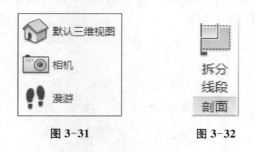

图 3-31   **图 3-32**

2. 剖面

Revit 可以通过剖切线绘制剖面视图,并通过剖面框选择视图的范围,剖切完成后,在项目浏览器中会生成一个剖面,点击鼠标右键,转到剖面视图查看剖面。在绘制剖切线时,使用拆分线段可以进行转折剖面。(如图 3-32)

3. 详图索引

点击"详图索引",框选需要做详图的位置,点击鼠标右键转到视图,会在楼层平面中新开一个详图,可以在详图中对构造层次进行表达。

4. 平面视图

平面视图主要包括楼层平面、天花板投影平面和结构平面。楼层平面视图是新建建筑项目的默认视图,结构平面视图是使用结构样板创建项目时的默认视图。大多数项目会至少包含一个楼层平面、一个天花板投影平面和一个结构平面。(如图 3-33)

5. 立面

在"视图"选项卡下,点击"立面"图标(如图 3-34),可以放置立面。点击立面图标黑色

	楼层平面
	天花板投影平面
	结构平面
	平面区域
	面积平面

图 3-33

部分(如图 3-35),在属性中修改名称。

图 3-34　　　　　　　　　　图 3-35

七、视图控制栏(如图 3-36 所示)

图 3-36

1. 比例

可为项目中的每个视图指定不同的比例,也可以自定义比例。点击比例中的自定义,在"自定义比例"对话框中输入比率,勾选"显示名称"可输入该比例的自定义名称,点击确定完成自定义比例的设置(图 3-37)。

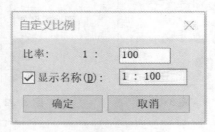

图 3-37

2. 精度

精度用于调整构件精细程度,包含粗略、中等、精细三种精度模式(图 3-38)。

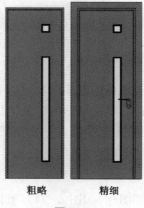

粗略　　　精细

图 3-38

3. 显示模式

（1）线框：显示建筑所有构件为线框模式，能看到所有构件的轮廓线。
（2）隐藏线：显示为构件轮廓线模式，构件之间有遮挡。
（3）着色：显示构件本身的颜色，有光照明暗效果。
（4）一致的颜色：显示构件本身的颜色，没有光照效果。
（5）真实：出现构件真实的材质贴图，表达更真实。
（6）光线追踪：出现光线照射的真实效果，每次移动都会重新渲染，但数据量大，软件会卡顿。

4. 日光设置

关闭日光路径/打开日光路径，分析光照。

5. 打开/关闭阴影

查看阴影效果。

6. 显示渲染对话框

渲染效果图的时候使用，点击渲染可以渲染效果图。

7. 裁剪视图

在平面中通过裁剪，查看可见的部分。

8. 显示裁剪区域

点亮灯泡图标，显示裁剪区域框。裁剪视图和显示裁剪区域在"属性"对话框中的"范围"选项卡中为"裁剪视图"和"裁剪区域可见"。

9. 解锁的三维视图

点击"保存方向并锁定视图"确定锁定方向，则只看到模型某一个角度的三维，而不能旋转。点击"解锁视图"解除锁定，恢复对模型的旋转。

10. 临时隐藏/隔离

临时性地隔离类别、隐藏类别、隔离图元、隐藏图元。要隐藏某构件，点击"隐藏图元"；点击"重设临时隐藏/隔离"，取消隐藏。要隐藏所有同类型构件，点击"隐藏类别"，点击"重设临时隐藏/隔离"，取消隐藏。隔离则与隐藏相反，隔离是显示选中构件，隐藏是使选中构件消失。若想永久隔离或隐藏，重复上述步骤，然后点击"将隐藏/隔离应用到视图"。

11. 显示隐藏的图元

若想将永久隔离隐藏的构件恢复原有显示状态，则可点击"显示隐藏的图元"，被永久隐藏的构件会显示为红色，选中此构件，点击"取消隐藏图元"，即可恢复到原有显示状态（构件变为灰色）。要注意的是，隔离隐藏仅对当前视图有效。此外，还可以选中构件，通过鼠标右键"在视图中隐藏"，选择图元或类别，直接在视图中永久隐藏。

八、可见性

1. 构件可见性

通过可见性可以快速地打开、关闭或者隐藏显示构件（图 3-39）。过滤器列表可以显示或隐藏建筑、结构、机械、电气、管道。

图 3-39

2. 剖面框

勾选"剖面框"，点击剖面框线（图 3-40），可以拖动实现剖面观察。

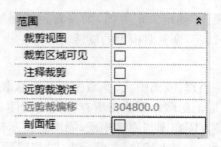

图 3-40

3. 快速切换到楼层

在 View Cube 中点击鼠标右键，选择"定向到视图"，可以将视图快速切换到楼层平面或立面。

九、选择

Revit 软件在创建模型过程中共有五种选择方式，如图 3-41 所示。

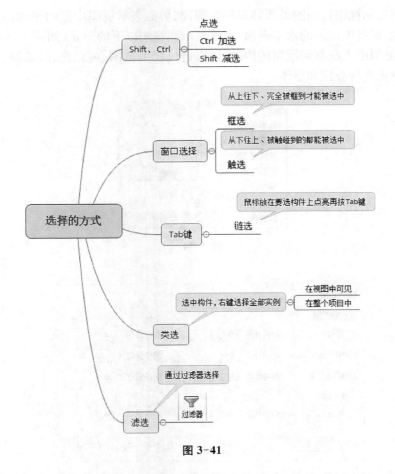

图 3-41

　　类似墙这样的构件如果点击选不中或者只是显示线框,可以点击"修改"中的"选择"列表(如图 3-42),勾去"按面选择图元"选项(如图 3-43)。

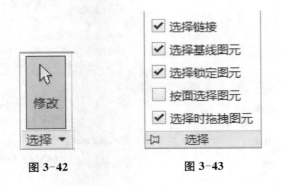

图 3-42　　　　　　　图 3-43

十、视图范围

　　视图范围(如图 3-44)也叫作可见范围,是控制视图中对象的可见性和外观的一组水平平面。这组水平平面包括"顶部平面(顶视图)""底部平面(底视图)"和"剖切面"。顶视图和底视图分别表示视图范围的最顶部和最底部；剖切面表示视图中剖切平面的高度；"视图深度"是视图主要范围以外的水平平面，用于显示底视图以下的图元（如图 3-45、图 3-46）。有时，在视图范围中无法看到绘制的构件，可以通过视图范围、可见性、过滤器、规程或是否人为隐藏等方式进行查找和修改。

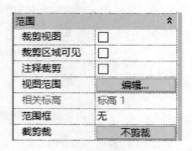

图 3-44

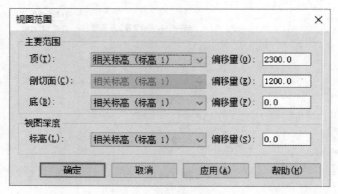

图 3-45

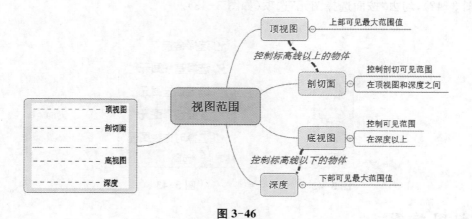

图 3-46

十一、标注

1. 对齐尺寸标注

标注数值不能修改。

2. 临时尺寸标注

可以修改、调整构件位置。

3. 尺寸线自动识别中心

依次点击"管理" 管理 、"其他设置" 其他设置 、"临时尺寸标注" 临时尺寸标注 ，出现"临

时尺寸标注属性"对话框（如图 3-47），对墙和门窗进行相应的临时尺寸标注属性设置。

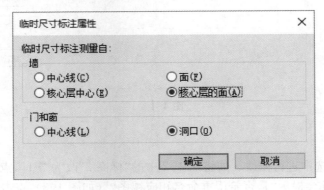

图 3-47

第四章

标高轴网

一、建立标高

1. 标高界面

进入立面，每个立面都显示两个标高(如图4-1)。

图 4-1

2. 名称修改

标高名称可以选中进行修改。如将图4-2中的"标高2"改为"F1"，点击"标高2"文字，将其改为"F1"，软件会提示"是否希望重命名相应视图?"(如图4-3)，点击"是"，完成标高名称修改(如图4-4)。

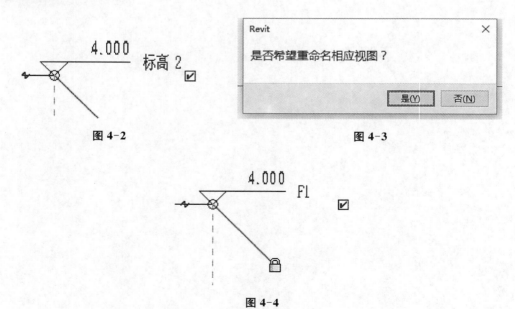

图 4-2   图 4-3

图 4-4

3. 调整标高距离

通过调整标高尺寸(如图 4-5)或标高线之间的距离(如图 4-6),均可对标高进行距离调整和修改。

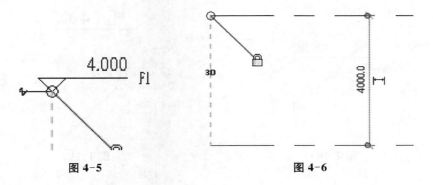

图 4-5   图 4-6

4. 标高线关联

将锁头 🔒 标志锁上(如图 4-7)即为标高线相关联,调整一个标高位置,其他位置也跟着移动。若只想调整某一标高,将锁打开。标高拉回到原位会重新上锁。

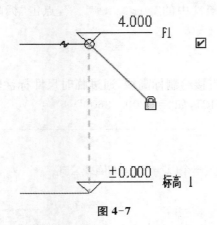

图 4-7

5. 标高显示

选择是否勾选方框,以显示或隐藏标高。不勾选方框则隐藏标高(如图 4-8),勾选方框则显示标高(如图 4-9)。

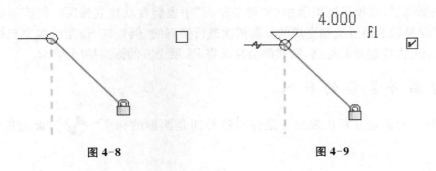

图 4-8   图 4-9

6. 折断

选中标高线,点击"———～———",将标高线折断(如图 4-10)。通过拖曳,可将标高调整至合适位置(如图 4-11)。

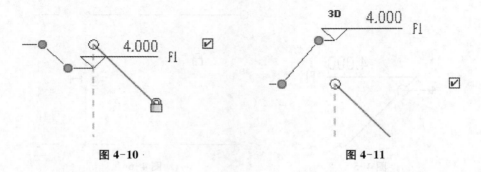

图 4-10   图 4-11

二、绘制标高

点击"建筑"选项卡 建筑 中的" 标高 轴网 ",点击"标高"。绘制标高通常有两种方法。

方法一:可以通过捕捉直接绘制标高线,通过临时尺寸标注输入层高,也可以输入等号及相关尺寸计算式(如图 4-12),如"=7200-3600"。

图 4-12

方法二:先绘制任意标高线,然后输入标高数字修改标高。

绘制标高后,在项目浏览器中的"楼层平面"中也会自动建立楼层。但值得注意的是,标高的排序是按照最近绘制完成的标高依次进行排列的,例如在 B1 层绘制完成标高后,需要在 F4 层上方绘制新的标高,则软件会自动将 F4 层上方的标高排序为 B2。

三、标高符号族的载入

有时候,标高建立后出现的不是标高符号而是圆形的标头" 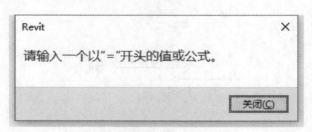 ",此时需要重新载入族。

步骤如下：

点击"插入"选项卡 插入 中的"载入族 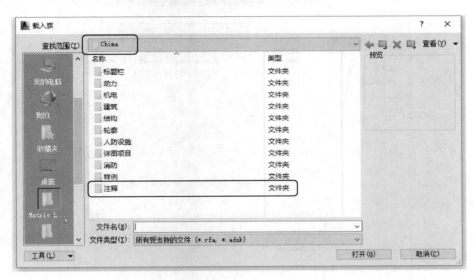"，出现"载入族"对话框（如图 4-13），标高符号为注释族，打开文件夹：注释—符号—建筑，在建筑文件夹中选中需要的标高符号族（如图 4-14），点击"打开"，即可完成载入族的操作。

图 4-13

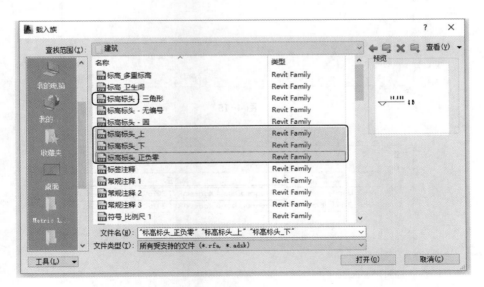

图 4-14

若不能直接进入 China 文件夹，而是默认的 Generic 文件夹，可以重新设置路径。

路径设置步骤：

点击软件图标 ，进入"选项 选项 "，点击"文件位置"中的"放置"按钮（如图 4-15），出现"放置"对话框（如图 4-16），点击库路径右边三点按钮（如图 4-17），在打开的文件夹中找到 China 文件夹，打开确定即可。

图 4-15

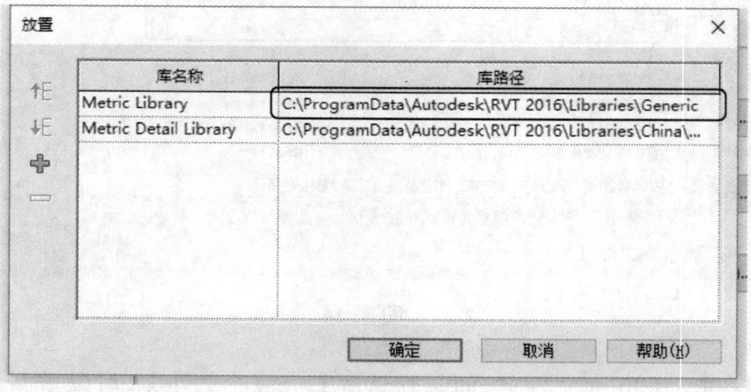

图 4-16

图 4-17

四、标高的类型编辑

选中标高线,在"属性"中点击"　编辑类型　",可在符号中选择需要的标高符号(如图 4-18)。"端点 1 处的默认符号"显示标高线左侧的标高符号,"端点 2 处的默认符号"显示标高线右侧的标高符号。

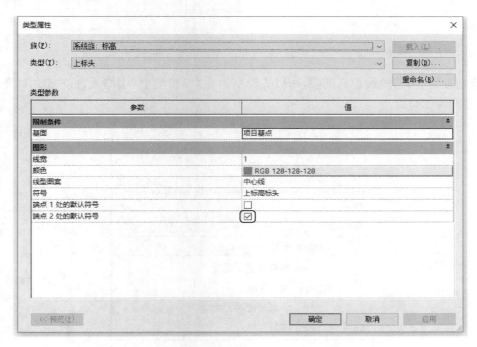

图 4-18

载入新的族,可以在项目浏览器中通过鼠标右键点击"视图(全部)"(如图 4-19)进行搜索(如图 4-20)。

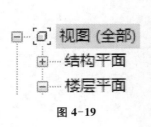

图 4-19

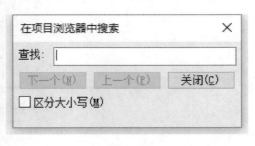

图 4-20

五、绘制轴网

1. 轴网的绘制

切换至楼层平面,点击"建筑"选项卡下的"轴网"(如图 4-21),可以绘制直线、起点终点半径弧等形式的轴线(如图 4-22)。

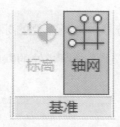

图 4-21

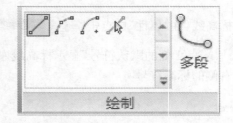

图 4-22

绘制轴线时,若轴线带有间隙,可以先绘制再在"编辑类型"中修改,或先选中"类型"再绘制(如图 4-23)。

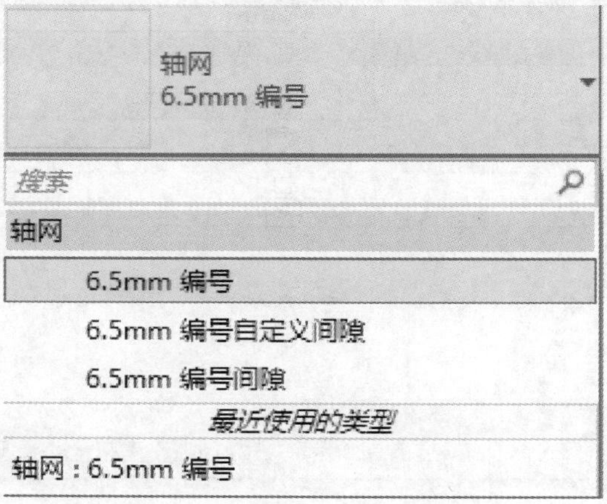

轴网
6.5mm 编号
搜索
轴网
6.5mm 编号
6.5mm 编号自定义间隙
6.5mm 编号间隙
最近使用的类型
轴网 : 6.5mm 编号

图 4-23

除直接绘制轴线外,还可以通过点击拾取线" ",输入偏移量" 偏移量: ",根据已经画好的轴线将鼠标放在上或者下、左或者右进行拾取绘制(如图 4-24)。

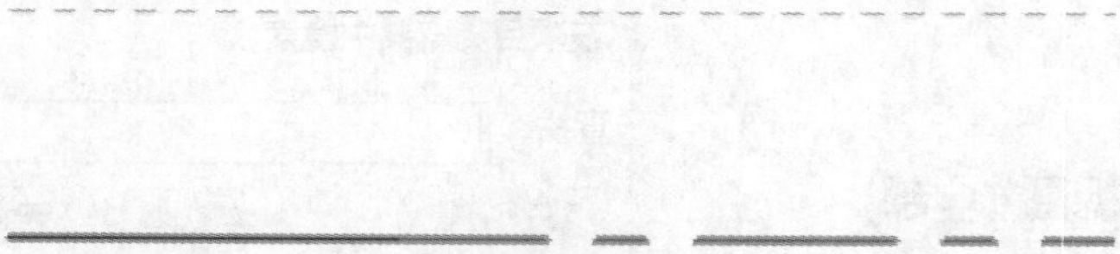

图 4-24

2. 轴网的快速绘制

绘制轴网可以一根一根地绘制轴线,也可以用阵列和复制的功能快速绘制。先绘制一条轴线,要注意选择正确的轴网属性。绘制后,点击轴线,进入修改面板"　修改 | 轴网　"。

点击复制按钮"　🎯　",在已有轴线上选择基点,通过调整间隔距离完成绘制。绘制时应先点击要复制的构件,再点击复制按钮。勾选"约束",会限制复制的路径,只能平行不能倾斜。勾选"多个",可以通过直接输入轴距快速绘制多个轴线。

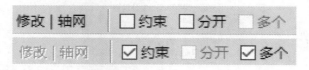

图 4-25

此外,通过复制按钮,勾选"约束"与"多个"(图 4-25),可直接进行标高复制,可以快速绘制标高。但复制后的标高不会直接出现在楼层平面中,需要点击"视图"选项卡中的"平面视图　　　",出现"楼层平面"选项(如图 4-26),点击"楼层平面",会出现复制的标高(如图 4-27),选中楼层,点击"确定"即可。

图 4-26

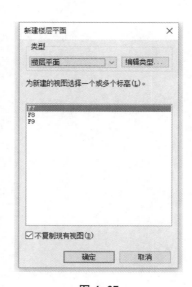

图 4-27

如果看不到轴网,原因是轴网没有在立面图中拖拽到标高线以上,经过拖拽即可看到轴网。轴网绘制完成后,如果需要将某个轴网的轴号隐藏或修改,又不想逐层修改,可以将某一层的轴网修改后全部框选,点击"影响范围"(如图 4-28),在"影响基准范围"中勾选需要修改的相关楼层,即可将其他楼层的轴网修改为当前轴网(如图 4-29)。

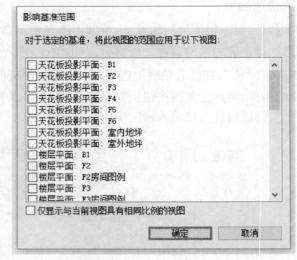

图 4-28　　　　　　　　　　　　　　　　　　图 4-29

第五章

墙　体

一、墙体的建立

点击"建筑"选项卡下的墙体按钮" ",对墙体进行编辑,点击"编辑类型"(如图5-1),

复制一个新墙,例如命名为"外墙250"(如图5-2),在"类型参数"的"结构"中修改墙体厚度,
改为250,点击"确定"。

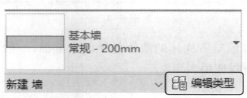

图 5-1

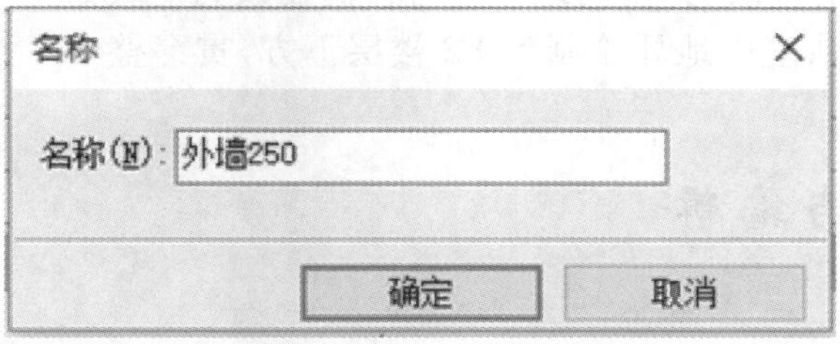

名称	×
名称(N): 外墙250	
确定	取消

图 5-2

在"类型参数"中,点击"构造"中的编辑按钮(如图5-3),在结构层设置外墙的厚度,如
250mm,完成墙体的设置(如图5-4)。

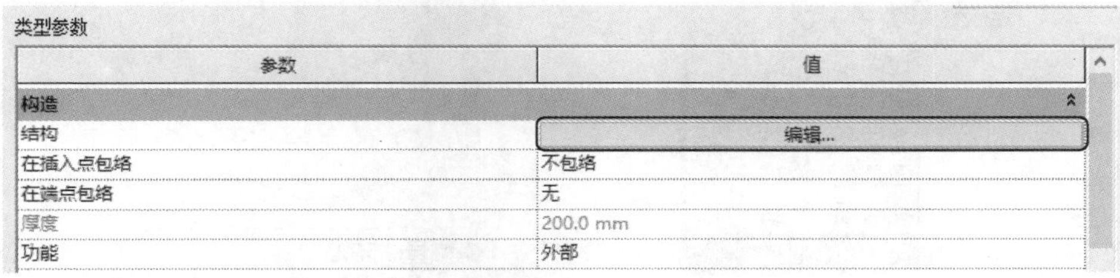

类型参数	
参数	值
构造	
结构	编辑...
在插入点包络	不包络
在端点包络	无
厚度	200.0 mm
功能	外部

图 5-3

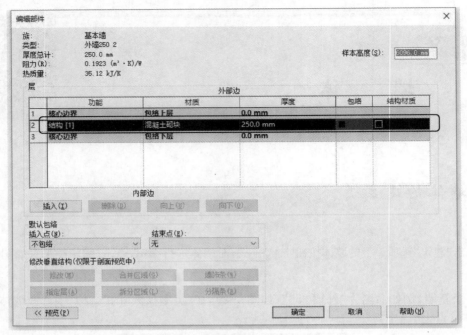

图 5-4

"预览"的功能是可以预览所构建的墙体的平面及剖面，一般在墙体添加复杂面层的时候使用。

二、高度确定

建筑的首层所在的楼层为"室内地坪"，可将高度改为 F2（如图 5-5），即墙体高度从室内地坪绘制到 F2 楼层下方，贯穿整个一层。

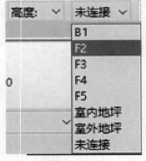

图 5-5

三、墙的绘制与编辑

1. 墙体的绘制

如果墙体中心线刚好在轴线上，可直接绘制；如果墙体与轴线发生偏移，则需要选择定位线，并设置偏移量。例如墙体内侧在轴线外 50mm，则可将定位线选择为"核心面：内部"（如图 5-6），并将偏移量设置为 50（如图 5-7），即可完成墙体偏移设置（如图 5-8）。

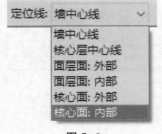

图 5-6

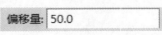

图 5-7

图 5-8

绘图时通过调整"定位线"和"偏移量"进行偏移和居中的切换（如图 5-9）。

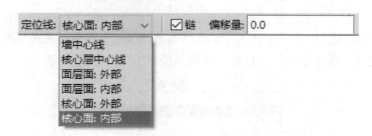

图 5-9

　　绘制墙体要按照顺时针方向，且必须按照楼层逐层建立，不能从一楼直接画到顶楼，不同材质及厚度的墙体必须分别命名并进行类型编辑，以便后期使用。

2. 墙体的编辑

　　进入编辑类型，"结构"表示墙体的核心层，可以编辑"材质"和"厚度"（如图 5-10）。

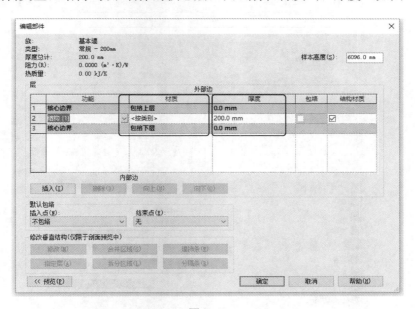

图 5-10

　　核心边界层的部分，外部边表示墙体朝外的部分，内部边表示墙体朝内的部分，墙体的编辑就在内、外部边之间进行（如图 5-11）。

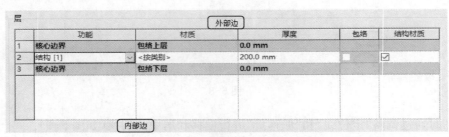

图 5-11

若添加面层，点击"插入 插入(I) ""向上 向上(U) "，将新插入的结构移到核心边界外（核心边界之间只能有结构层），将新插入的结构改为"面层 1"（如图 5-12）。

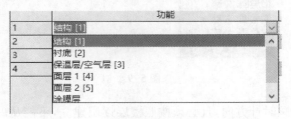

图 5-12

例如：墙体为 250 厚的空心砖，35 mm 厚聚苯颗粒保温复合墙体，根据墙体材料添加材质。在"材质"部分点击"按类别"后的下拉菜单（如图 5-13），进入"材质浏览器"（如图 5-14）。

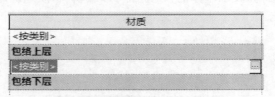

图 5-13

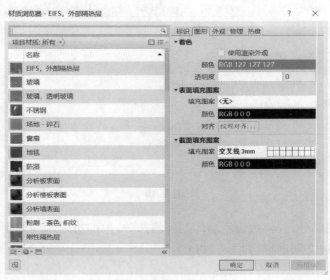

图 5-14

可以通过搜索的方式,输入"砖",搜索后(如图 5-15),右侧会显示颜色及填充图案(如图 5-16)。

图 5-15

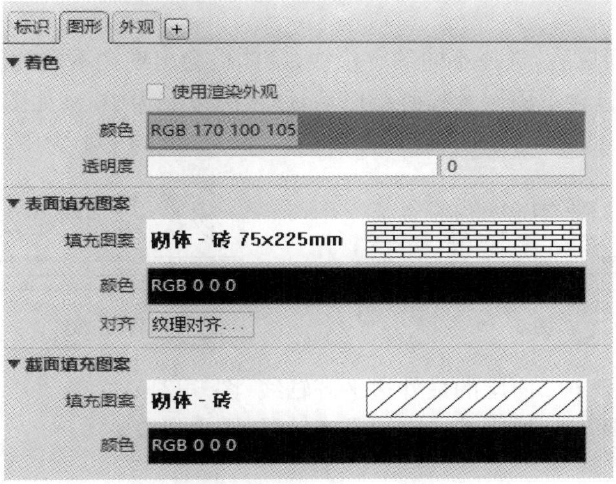

图 5-16

其中,"图形"表示"着色"模式下的表现形式,"外观"表示"真实"模式下的表现形式。对于不同的模式,分别在图形和外观中进行调整。

3. 面层设置

面层的设置,可以插入一个结构层,将其调整到最外层,将"结构"改为"面层",输入厚度,编辑材质。例如:35 mm 厚聚苯颗粒,厚度输入 35,材质搜"聚苯",出现材质搜索结果(如图 5-17)。可以直接选择软件中已有的材质,如果需要将材质名称修改为与图纸中相同,可以选中材质,右键复制一个新的材质,修改名称,完成面层材质的编辑(如图 5-18)。

图 5-17

功能	外部边	
	材质	厚度
面层 1 [4]	聚苯颗粒保温层	35.0
核心边界	包络上层	0.0
结构 [1]	砌体 - 普通砖 75x225mm	250.0
核心边界	包络下层	0.0

图 5-18

4. 定位线

当墙体添加了面层后,选择不同的定位线,墙体也会出现在不同的位置。

(1) 墙中心线:包含了面层及核心层以后,厚度除以二为中心(如图 5-19)。

(2) 核心层中心线:不含面层,仅计算核心层部分厚度的一半为中心(如图 5-20)。

图 5-19 　　　　　　　　　　图 5-20

(3) 面层面:外部——面层的最外边平齐轴线(图 5-21)。

(4) 面层面:内部——面层的最内边平齐轴线(图 5-22)。

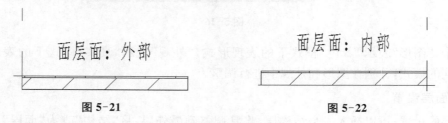

图 5-21 　　　　　　　　　　图 5-22

(5) 核心面:外部——核心层最外边平齐轴线(图 5-23)。

(6) 核心面:内部——核心层最内边平齐轴线(图 5-23)。

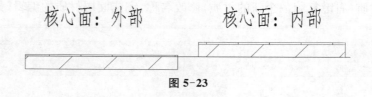

图 5-23

5. 链

(1) 勾选:可以连续绘制。

(2) 取消勾选:只能绘制一次,不能连续绘制。

四、墙体修改命令

点击"修改"选项卡 修改 ,对于墙体的绘制,可以通过多个功能进行快速地修剪、延伸等命令操作。

1. 修剪/延伸为角 (图 5-24)

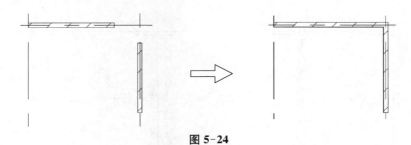

图 5-24

2. 修剪/延伸单个图元 (图 5-25、图 5-26)

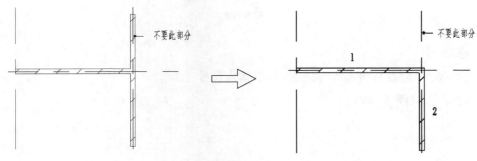

图 5-25

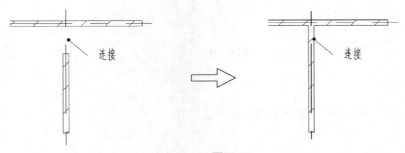

图 5-26

3. 修剪/延伸多个图元 (图 5-27)

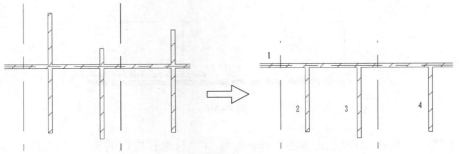

图 5-27

4. 拆分图元 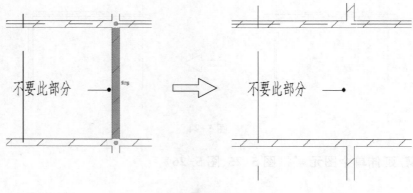（图 5-28）

图 5-28

5. 移动

先选择基点（起点），再拖动至终点，可以输入尺寸。

6. 对齐 （图 5-29）

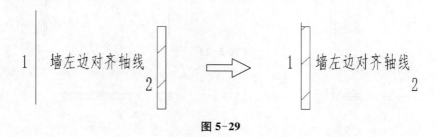

图 5-29

7. 旋转

先点击基点，然后旋转，可以输入角度（如图 5-30）。

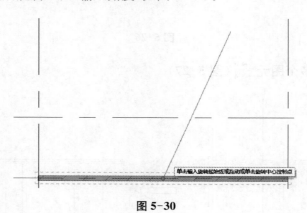

图 5-30

如不绕中心旋转，可以点击地点" 旋转中心: 地点 默认 "，选择指定的旋转点（如图 5-31）。

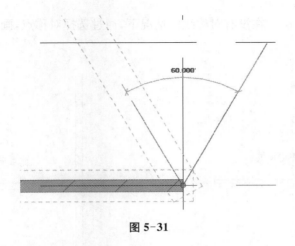

图 5-31

　　勾选复制"☐分开 ☑复制"再旋转,则会复制一个新的构件来旋转,原有构件保持不动(如图 5-32)。通过输入角度调整旋转角度,默认逆时针旋转。

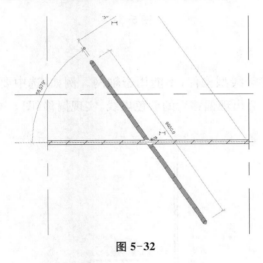

图 5-32

8. 镜像

(1) 镜像拾取轴 ,凡是能够拾取的线都可以当成镜像的对称线(图 5-33)。

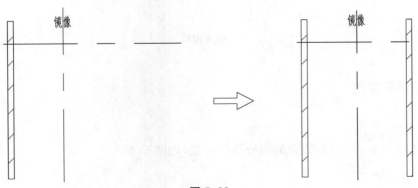

图 5-33

（2）镜像绘制轴 ，在没有对称线的情况下，通过选择对称点，画一条虚拟的对称线实现镜像（图 5-34）。

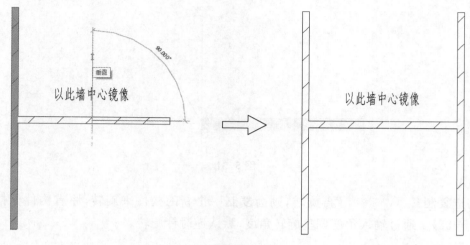

图 5-34

9. 偏移

只能用于线、墙和梁等线型构件，不能用于轴网。例如：选中要偏移的墙，输入偏移值"偏移：1000.0"，会出现偏移后的蓝色虚线，实现偏移（图 5-35）。取消勾选复制，则偏移变成移动。

图 5-35

10. 解锁及锁定

在选择处"修改 选择 ▾"将要锁定的部分进行勾选（如图 5-36）。

图 5-36

11. 删除 ✖

也可直接用键盘 Delete 键进行删除。

12. 缩放 ⬚

选中构件，设置"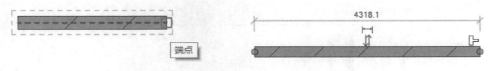"，按比例缩放（如图 5-37）。

图 5-37

第六章

门　窗

一、窗的绘制

1. 建立窗

点击"建筑"选项卡下的窗"窗",确定窗的底高度(如图6-1)。

图 6-1

2. 载入窗

点击"编辑类型 编辑类型",点击"载入 载入(L)…"。例如建立一个上悬窗,载入的文件夹顺序为:建筑—窗—普通窗—悬窗—上悬窗。双击上悬窗的族,软件中自带预设好的宽度和高度,可以将预设的窗都选中,此时会将全部尺寸的窗都载入,以供选择(如图6-2)。如果预设的尺寸不能满足图纸中的尺寸,则通过修改尺寸完成。

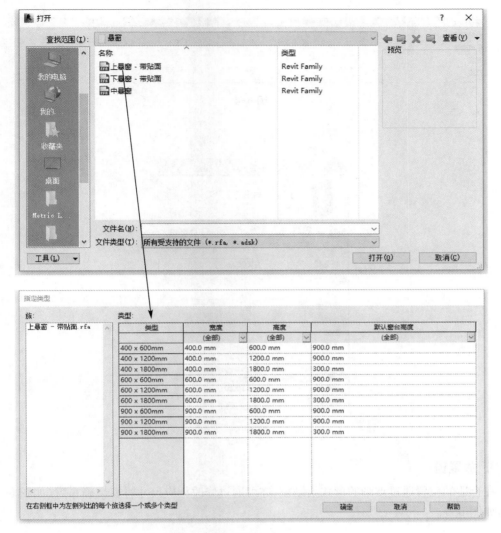

图 6-2

点击"复制 复制(D)... ",为窗命名,例如,命名为 LC2(如图 6-3),在"尺寸标注"中对高度和宽度进行修改(如图 6-4),完成窗的编辑(如图 6-5)。

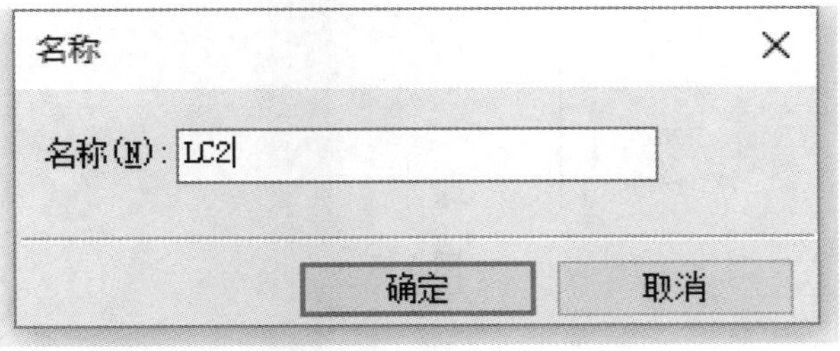

图 6-3

尺寸标注	
粗略宽度	1200.0
粗略高度	2700.0
高度	2700.0
宽度	1200.0

图 6-4

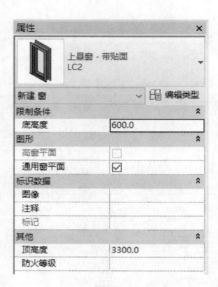

图 6-5

3. 放置窗

在合适的位置通过点画的形式绘制窗,亦可通过修改相应尺寸将窗精确布置(如图 6-6),成品如图 6-7。

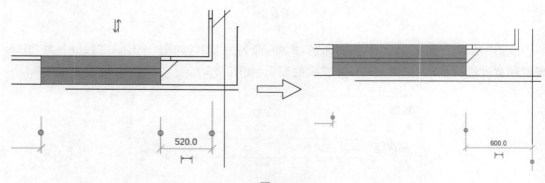

图 6-6

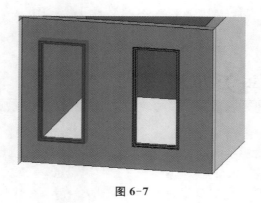

图 6-7

二、门的绘制

在"建筑"选项卡下，点击门"[图标]"。门的放置方法与窗相同，通过"编辑类型"载入族，复制一个门，对门进行命名，修改宽度高度。通过箭头调整门的方向，也可以通过空格键调整方向（如图 6-8）。成品如图 6-9。

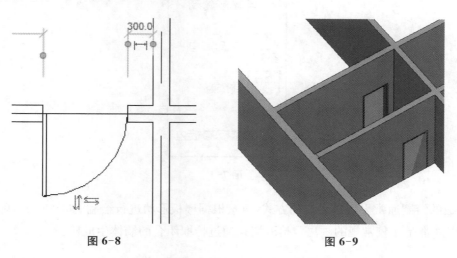

图 6-8   图 6-9

第七章

楼板与天花板

一、楼板的绘制

1. 绘制楼板

在"建筑"选项卡下点击楼板"  "，楼板包括建筑楼板、结构楼板和面楼板（如图 7-1）。在建筑部分绘制的是建筑楼板，点击" 楼板：建筑 "。

楼板：建筑

楼板：结构

面楼板

楼板：楼板边

图 7-1

楼板的绘制通常采用边界线的方式，直接根据楼板形状进行绘制（如图 7-2），除拾取墙" 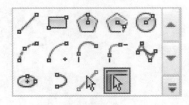 "以外都是比较常规的画法。拾取墙是通过拾取闭合的墙体生成楼板。

图 7-2

输入偏移量，设置绘制楼板时沿绘制线向内或者向外偏移的量。通过空格细微调整向内或者向外偏移的距离（如图 7-3）。

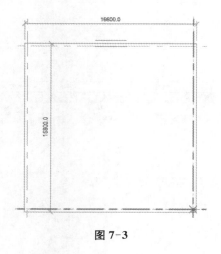

图7-3

2. 限制条件

直接绘制的楼板,楼板的上表面和标高线平齐。如果楼板需要在标高以上或者以下偏移,可以在"自标高的高度偏移"后输入偏移尺寸(如图7-4),但偏移尺寸仍然是楼板上表面距离标高线的距离。

限制条件	≫
标高	室内地坪
自标高的高度偏移	0.0
房间边界	☑
与体量相关	☐

图7-4

二、楼板的编辑

点击编辑类型" 编辑类型 ",点击"编辑",编辑楼板相关信息,包括厚度、材质等。点击"插入",编辑楼板的构造层次(如图7-5)。

在"材质"中,如果有些材质软件中无法搜到,可以新建。点击新建材质" "(如图7-6),通过鼠标右键重命名修改材质名称(如图7-7),新建名称会按照拼音首字母自动排序。

填充图案可以自行选择,也可以进行相关属性设置,如果软件中自带的填充图案无法满足,可以新建填充图案(如图7-8)。点击"编辑",可以进行具体属性设置(如图7-9)。

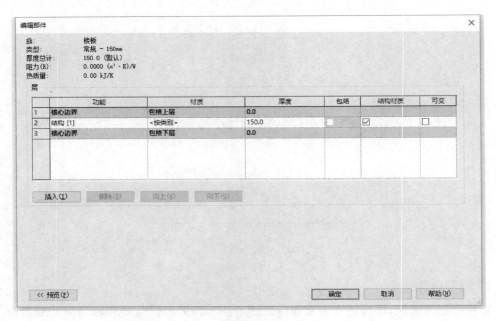

图 7-5

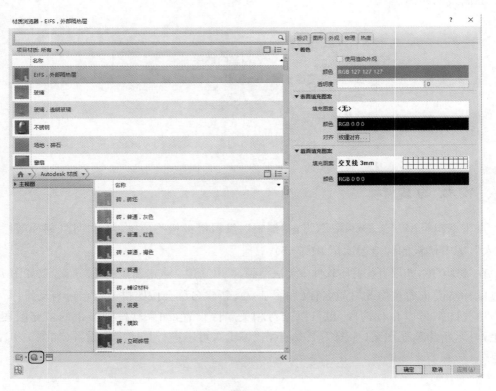

图 7-6

默认为新材质

图 7-7

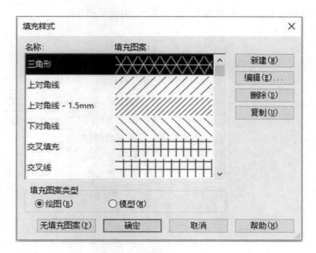

图 7-8

图 7-9

三、编辑边界

选中楼板，用编辑边界""改变楼板尺寸。

四、坡度设置

点击坡度箭头"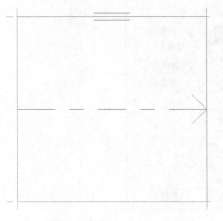 坡度箭头"，在需要设置坡度的楼板上绘制坡度箭头。点击坡度箭头线，通过设置箭尾和箭头的高度体现坡度及方向（如图 7-10）。

限制条件	⌃
指定	尾高
最低处标高	默认
尾高度偏移	300.0
最高处标高	默认
头高度偏移	0.0
尺寸标注	⌃
坡度	18.43°
长度	16000.0

图 7-10   图 7-11

将"尾高"改成"坡度"（如图 7-11），则坡度数值变亮，表示可以编辑，输入坡度数值调整坡度。

若所给坡度为比例形式，则在"管理"选项卡下的项目单位"_{项目单位}"中修改坡度（如图 7-12），在坡度中进行比例修改（如图 7-13）。

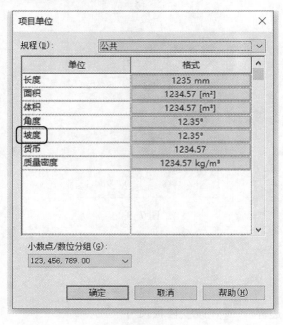

项目单位	×
规程(D):	公共

单位	格式
长度	1235 mm
面积	1234.57 [m²]
体积	1234.57 [m³]
角度	12.35°
坡度	12.35°
货币	1234.57
质量密度	1234.57 kg/m³

小数点/数位分组(G):
123,456,789.00

确定   取消   帮助(H)

图 7-12

格式
使用项目设置(P)
单位(U):
1 : 比
舍入(R):
2 个小数位
舍入增量(I):
0.01
单位符号(S):
1:
消除后续零(T)
消除零英尺(F)
正值显示 "+" (O)
使用数位分组(D)
消除空格(A)
确定
取消

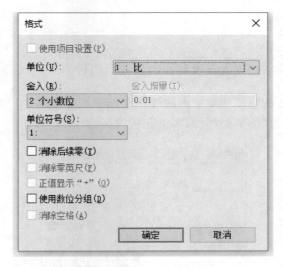

图 7-13

修改后，再次点击坡度箭头，即可调整比例状态下的坡度（如图 7-14）。

4000.0mm
4000.0mm
尺寸标注
坡度
1:3.00
长度
19600.0 mm

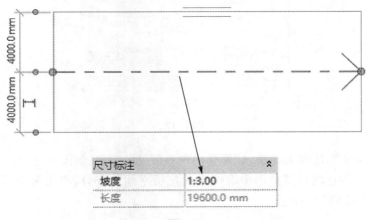

图 7-14

此外，还可以直接进行修改。在“坡度”中直接输入比例，软件会自动计算坡度。例如在坡度处直接输入 1∶1（如图 7-15），则自动计算为 45 度（如图 7-16）。

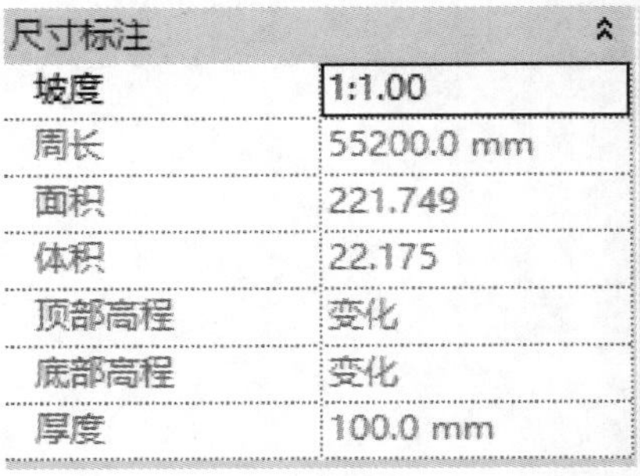

尺寸标注
坡度
1:1.00
周长
55200.0 mm
面积
221.749
体积
22.175
顶部高程
变化
底部高程
变化
厚度
100.0 mm

图 7-15

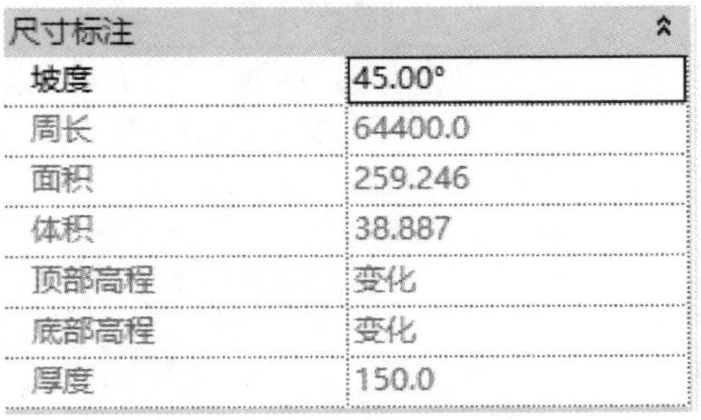

尺寸标注
坡度
45.00°
周长
64400.0
面积
259.246
体积
38.887
顶部高程
变化
底部高程
变化
厚度
150.0

图 7-16

五、天花板

天花板的创建有自动创建天花板和绘制天花板两种方式。点击天花板"![天花板]"，软件默认自动创建。天花板的标高相对室内地坪往上偏移 2600（如图 7-17）。可以根据需要修改到合适的位置，并通过"编辑类型"编辑天花板的属性。

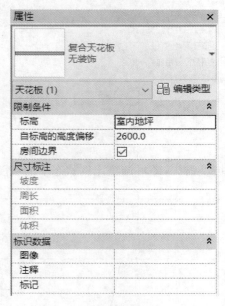

图 7-17

点击"自动生成"，绘制天花板，软件会出现不可见的警告（如图 7-18），此时不需要在视图范围中修改，软件在项目浏览器中有关于天花板平面的部分，点击天花板平面部分的室内地坪即可显示（如图 7-19）。

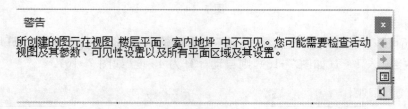

图 7-18

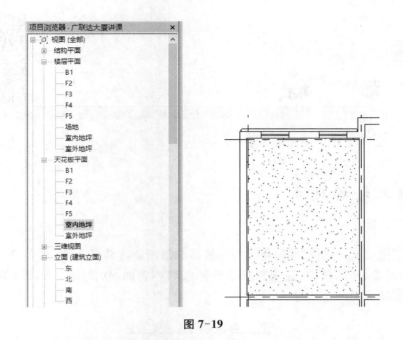

图 7-19

值得注意的是楼板与天花板在标高上的不同。楼板在标高线之下(如图 7-20),天花板在标高线之上(如图 7-21)。

图 7-20 图 7-21

第八章

幕　墙

一、玻璃幕墙的建立

1. 建立

在"建筑"选项卡下选择"墙",将类型选择器的滚动条拖到最下方(如图 8-1)。幕墙包括三种形式:幕墙、外部玻璃、店面。对于外部玻璃和店面,软件会自带预设的网格线等。一般用幕墙直接绘制。

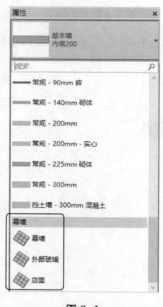

图 8-1

2. 编辑

绘制幕墙与绘制墙体方法相同。绘制后,选中"幕墙",点击"编辑类型",进入"类型属性",对幕墙进行编辑(如图 8-2)。

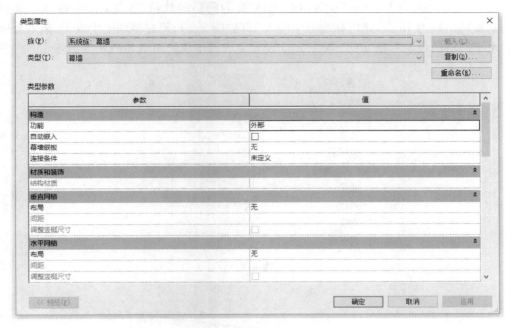

图 8-2

二、网格、竖梃的编辑

1. 添加网格线

例如:布局选择固定距离(如图 8-3),软件会根据设置的尺寸自动布置网格线,不足尺寸的部分会进行自动扣减(如图 8-4)。

图 8-3

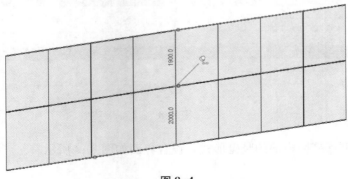

图 8-4

此外，也可通过"固定数量"设置网格，编号即为网格的数量，可以对编号修改。例如幕墙的垂直网格线为 15 条，则可在编号中输入 15（如图 8-5），即在幕墙上生成 15 条垂直网格线。水平网格的设置亦是如此。按图 8-5 设置完成后生成的图形如图 8-6 所示。

垂直网格		⌃
编号	15	
对正	起点	
角度	0.000°	
偏移量	0.0	
水平网格		⌃
编号	3	
对正	起点	
角度	0.000°	
偏移量	0.0	

图 8-5

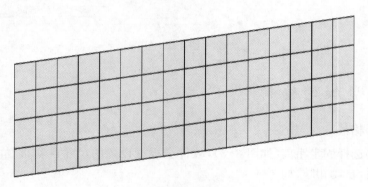

图 8-6

"对正"可设置从起点、终点或者中心向两边排列网格，如对正为起点（如图 8-7），网格线将从左向右进行排列。

2. 添加竖梃

竖梃会根据网格线进行添加。设置界面如图 8-8 所示。

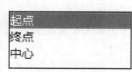

图 8-7

垂直竖梃		⌃
内部类型	无	
边界 1 类型	无	
边界 2 类型	无	
水平竖梃		⌃
内部类型	无	
边界 1 类型	无	
边界 2 类型	无	

图 8-8

（1）内部类型指幕墙内部的竖梃形式。设置界面如图 8-9 所示。

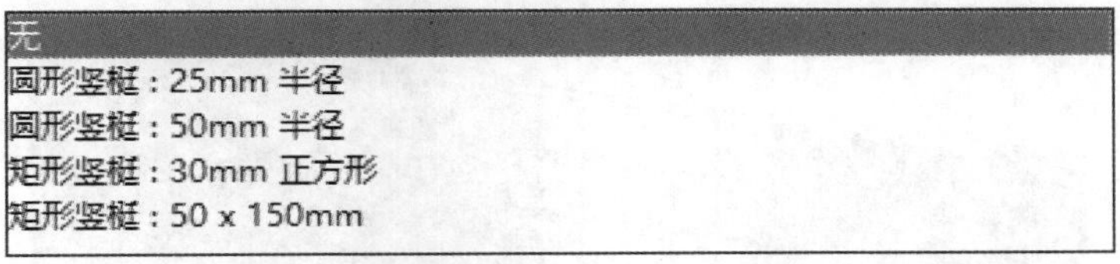

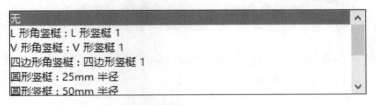

图 8-9

（2）边界 1 和边界 2 类型代表幕墙左右或上下的外框。设置界面如图 8-10 所示。

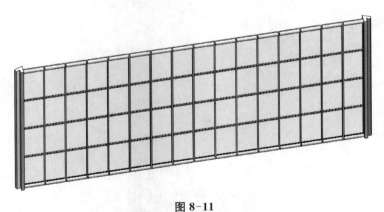

图 8-10

图 8-11 为设置竖梃后的幕墙形成。此时,选择题板、网格或者竖梃可以用键盘 Tab 键进行切换。

图 8-11

3. 嵌入

如果在墙体中嵌入幕墙,则勾选自动嵌入(如图 8-12),则幕墙将嵌入到墙体中(如图 8-13)。

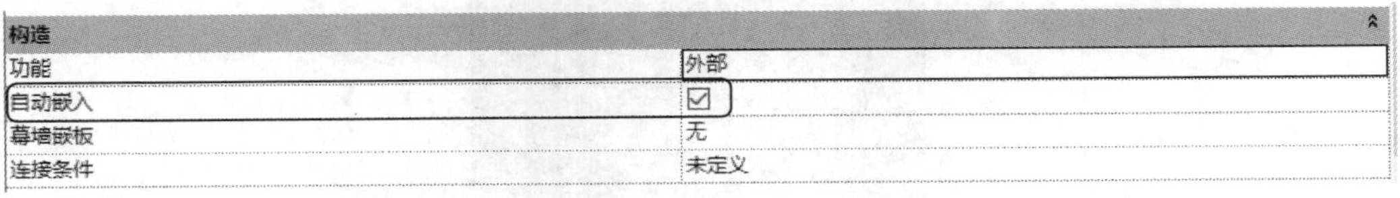

构造		⋏
功能	外部	
自动嵌入	☑	
幕墙嵌板	无	
连接条件	未定义	

图 8-12

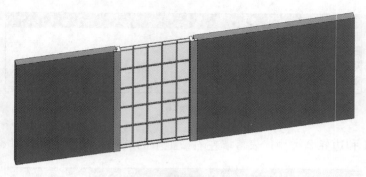

图 8-13

　　嵌入在墙体中的幕墙，可以通过控制幕墙的尺寸（如图 8-14），或者直接在图中进行拖拽（如图 8-15），对其尺寸进行修改。

限制条件	⌃
底部限制条件	室内地坪
底部偏移	0.0
已附着底部	☐
顶部约束	直到标高: F2
无连接高度	3900.0
顶部偏移	0.0
已附着顶部	☐
房间边界	☑
与体量相关	☐

图 8-14

图 8-15

4. 手动设置幕墙网格竖框

（1）幕墙网格 幕墙网格

① 全部分段：选择 全部分段，可以手动对幕墙进行网格线的设置，且可以通过调整尺寸数字设置间隔距离。设置生成图如图 8-16 所示。

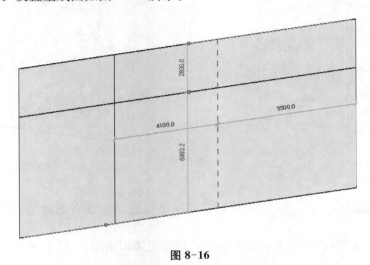

图 8-16

② 一段：一段 一段 表示可在已有的分格线内部进行网格划分。设置生成图如图 8-17 所示。

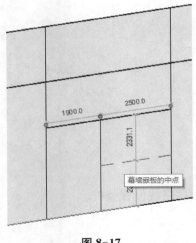

图 8-17

③ 除拾取外的全部 ：对所画网格线选中的部分不设置网格。绘制一条网格线，表示为红色，点击不需要的部分变为虚线。设置生成图如图 8-18 所示。

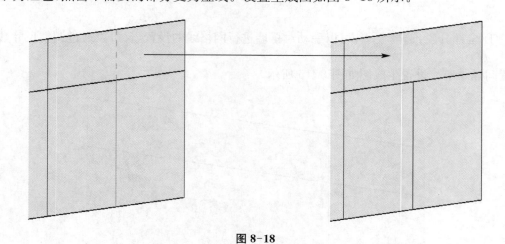

图 8-18

④ 添加/删除线段 ：对于绘制好的网格线想添加或者删除某一部分，选中网格线，点击添加/删除线段，选中要删除的部分。设置生成图如图 8-19 所示。

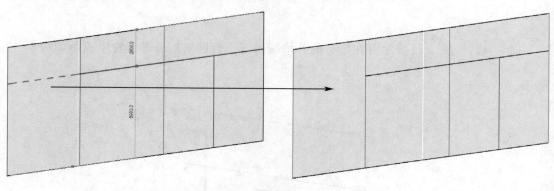

图 8-19

（2）竖梃

① 网格线 ：对应一根网格线设置竖梃。

② 单段网格线 ：对应网格线的一段设置竖梃。

③ 全部网格线 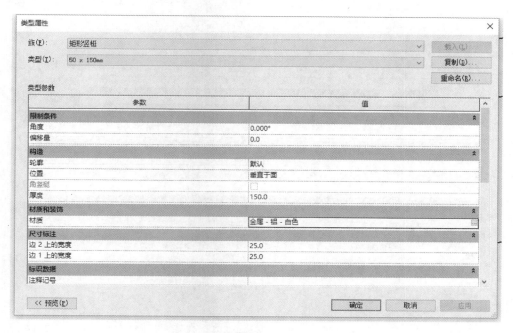:对应全部网格线统一设置竖梃。

设置的竖梃也可以通过编辑类型对其进行详细的设置,对材质的设置方法同前(如图 8-20)。

图 8-20

值得注意的是,关于竖梃的布置,边界竖梃是外边线平齐幕墙边线(如图 8-21),中间竖梃是沿网格线中心布置(如图 8-22)。

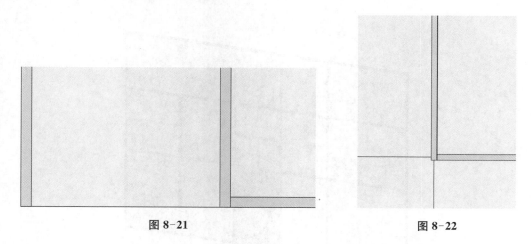

图 8-21   图 8-22

三、在嵌板中安放门窗

选中幕墙中需要设置嵌板的玻璃（可用 Tab 键切换选择），在幕墙嵌板中选中需要安放门窗的嵌板，点击"类型"，将嵌板类型从玻璃改为实体（如图 8-23）。生成图如图 8-24 所示。

图 8-23

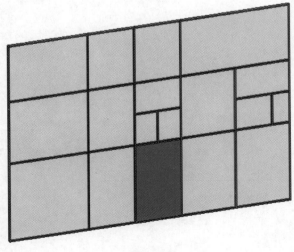

图 8-24

1. 嵌入门

选中嵌板，在"编辑类型"中点击"载入 载入(L)… "，载入文件顺序为：建筑—幕墙—门窗嵌板，选择需要设置的门（如图 8-25）。生成图如图 8-26 所示。

图 8-25

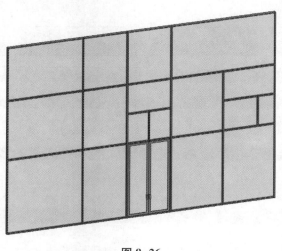

图 8-26

2. 嵌入窗

嵌入窗的操作方法与嵌入门相同。生成图如图 8-27 所示。

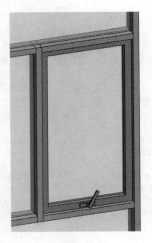

图 8-27

选中嵌入的门窗，在"编辑类型"中调整门框、窗框及玻璃等材质。选中幕墙中的玻璃，通过"编辑类型"修改厚度；在"材质"中可以修改玻璃的颜色和透明度（如图 8-28）。

类型属性		
族(F)： 窗嵌板_上悬无框铝窗		载入(L)...
类型(T)： 窗嵌板_上悬无框铝窗		复制(D)...
		重命名(R)...

类型参数

参数	值
限制条件	
偏移	0.0
构造	
构造类型	
材质和装饰	
窗扇框材质	<按类别>
把手材质	<按类别>
玻璃	<按类别>
尺寸标注	
窗扇框宽度	60.0
窗扇框厚度	70.0
粗略宽度	
粗略高度	
分析属性	
可见光透过率	0.900000
日光得热系数	0.780000

<< 预览(P)　　　　　确定　　取消　　应用

图 8-28

第九章

柱

一、柱的设置

柱包括结构柱和建筑柱,结构柱为受力柱,建筑柱为非受力柱。点击柱"  ",载入柱的族,点击" 载入(L)... ",文件夹顺序为:结构—柱—混凝土—混凝土-矩形-柱(如图9-1,图9-2)。

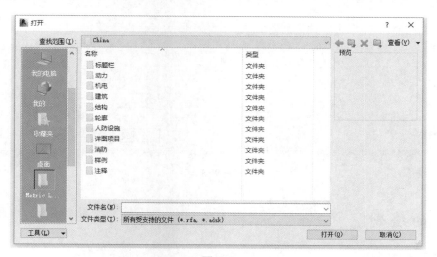

图 9-1

图 9-2

载入后，按照常规操作建立柱子，设置柱截面尺寸等信息（如图 9-3）。

类型属性			
族(F):	混凝土 - 矩形 - 柱	∨	载入(L)...
类型(T):	300 × 450mm	∨	复制(D)...
	300 × 450mm 450 × 600mm 600 × 750mm		重命名(R)...
类型参数	Z1		

参数	值
结构	
横断面形状	未定义
尺寸标注	
b	300.0 mm
h	450.0 mm
标识数据	
类型图像	
注释记号	
型号	
制造商	
类型注释	
URL	
说明	
部件代码	
成本	

<< 预览(P)　　　　　　　　确定　　取消　　应用

图 9-3

二、柱 的 绘 制

1. 矩形柱绘制

点击"复制"，设置柱子相关尺寸信息。把"深度"改为"高度"（如图 9-4）。"高度"表示柱子从标高线向上放置，"深度"表示从标高线向下放置。设置完成后直接通过点画绘制柱子。

图 9-4　　　　　　　　图 9-5

柱子包括垂直柱和斜柱（如图 9-5）。斜柱的绘制：第一次单击" 第一次单击: "为斜柱的起点，第二次单击" 第二次单击: "为斜柱的终点（如图 9-6），图 9-7 即为绘制完成后的斜柱。

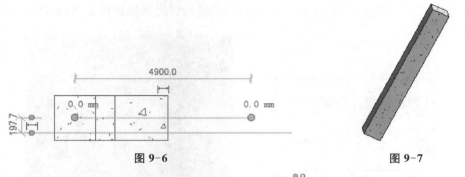

图 9-6　　　　　　　　　　　　　　图 9-7

凡是柱在轴网相交处,均可通过"在轴网处"功能" "直接绘制柱子,点击" "完成(如图 9-8)。

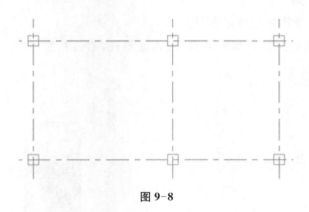

图 9-8

2. 圆柱绘制

与矩形柱方法一致,载入圆形柱族,直接点画或通过"在轴网处"等功能绘制圆柱。

3. 柱与墙的连接

当柱子和墙体绘制完成后,柱与墙是互相交叉的(如图 9-9),但是柱中不能有墙,点击"修改"面板下的连接" 连接 ",分别点击柱子和墙体,完成连接功能(如图 9-10)。

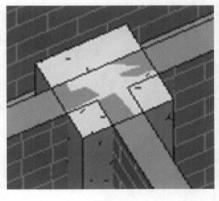

图 9-9

图 9-10

连接中可以切换连接顺序（如图 9-11），以实现构件之间的连接关系（如图 9-12）。

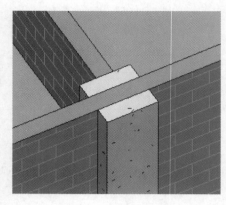

图 9-11   图 9-12

4. 结构柱外有建筑柱包络的画法

先绘制外包络的建筑柱，"编辑类型"载入建筑柱，通过复制，建立柱子。点击"在柱处"安放结构柱（如图 9-13）。

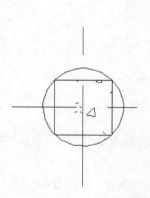

图 9-13

第十章

台阶与坡道

一、台阶的绘制

台阶的绘制方法有多种,最常用也是最方便的是通过楼板堆叠的方式绘制台阶。可以在导入 CAD 底图以后,通过拾取线命令直接描取。以三级台阶、每一级 150 mm 高为例,点击楼板 ▱ ,选择直线,根据实际尺寸绘制一块楼板,作为台阶最上一层。

第二级台阶用同样方法绘制,但是要将标高下降 150(如图 10-1)。

限制条件		≫
标高	室内地坪	
自标高的高度偏移	-150.0	
房间边界	☑	
与体量相关	☐	

图 10-1

第三级台阶标高为－300。即可完成三级台阶的绘制(如图 10-2)。

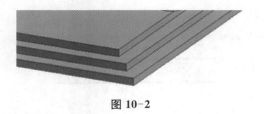

图 10-2

二、坡道

1. 坡道的绘制

点击 ▱ 坡道 。坡道由三部分组成,分别为梯段、边界和踢面。在属性栏中设置坡道的高度(如图 10-3)和宽度(如图 10-4),可以用过直线 ⟋ 和圆心—端点弧 ◜ 绘制坡道,软件会根据设置的高度,自动提示相关尺寸(如图 10-5)。

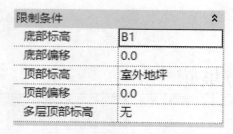

限制条件	
底部标高	B1
底部偏移	0.0
顶部标高	室外地坪
顶部偏移	0.0
多层顶部标高	无

图 10-3

尺寸标注	
宽度	1000.0

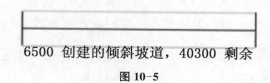

图 10-4

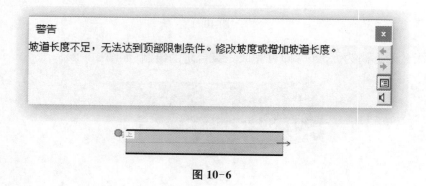

6500 创建的倾斜坡道，40300 剩余

图 10-5

点击“完成”,出现警告:坡道的长度不足于设置的长度(如图 10-6)。可根据实际情况调整或者忽略。

警告
坡道长度不足，无法达到顶部限制条件。修改坡度或增加坡道长度。
上

图 10-6

2. 坡道的属性编辑

最大斜坡长度和坡道最大坡度会限制坡道的长度和坡度(如图 10-7)。例如,坡道为从一层到二层,可以在属性中调整底部标高为室内地坪,顶部标高为 F2(如图 10-8)。

将“造型”改为实体(如图 10-9),则坡道为图 10-10 所示造型。

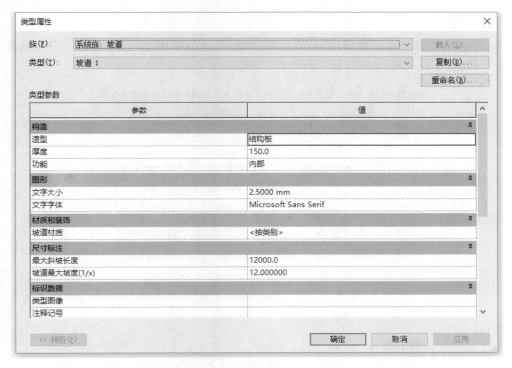

图 10-7

限制条件	⌃
底部标高	室内地坪
底部偏移	0.0
顶部标高	F2
顶部偏移	0.0
多层顶部标高	无

图 10-8

构造	⌃
造型	结构板 ⌄
厚度	结构板
功能	实体

图 10-9

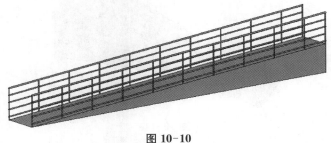

图 10-10

3. 边界

软件中绿色部分表示边界,蓝色表示中心线,黑色表示踢面,可以对边界进行编辑(如图 10-11)。

绿色部分表示边界，蓝色表示中心线，黑色表示踢面，可以对边界进行编辑。

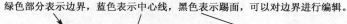

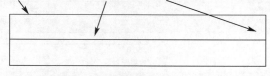

图 10-11

弧形坡道的绘制,将原有边界删除,绘制弧形边界(如图 10-12)。

4400 创建的倾斜坡道， 3400 剩余

图 10-12

4. 踢面

可以设置踢面,将坡道分段(如图 10-13),设置完成后如图 10-14 所示。

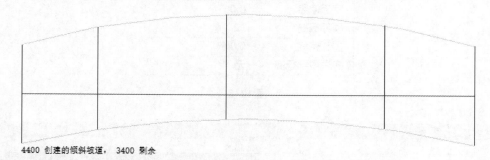

4400 创建的倾斜坡道， 3400 剩余

图 10-13

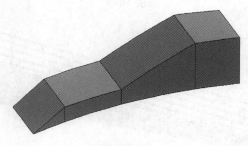

图 10-14

坡道的栏杆因为是一段没有拆分，所以无法与坡道段附着（如图 10-15），对栏杆按照踢面的位置进行拆分，即可实现附着（如图 10-16）。

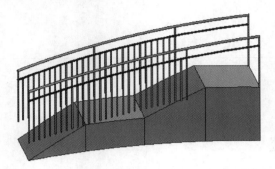

图 10-15

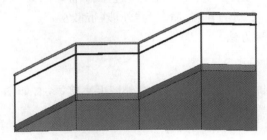

图 10-16

第十一章
散　水

一、散水的设置

若建筑物有散水，绘制散水之前，需要将此部分墙体与建筑其他墙体区分开，否则同类型的墙均会布置上散水。先选中首层外墙，通过隐藏隔离图元，隔离出首层外墙，选中外墙，在编辑类型中复制一个新的外墙，命名为"外墙（带散水）"。

添加墙的散水有两种方法。

方法一：

点击 墙 中的"墙：饰条"（如图 11-1），在外墙上直接添加（如图 11-2）。将添加的墙饰条调整至散水的位置（如图 11-3）。

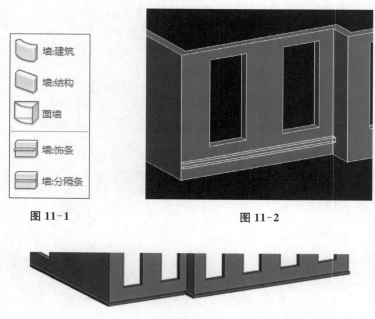

图 11-1　　　　　　　　　　　图 11-2

图 11-3

通过载入散水族，将墙饰条调整成为散水。点击"插入"选项卡下的载入族，文件夹顺序为：轮廓—常规轮廓—场地—散水（如图 11-4）。

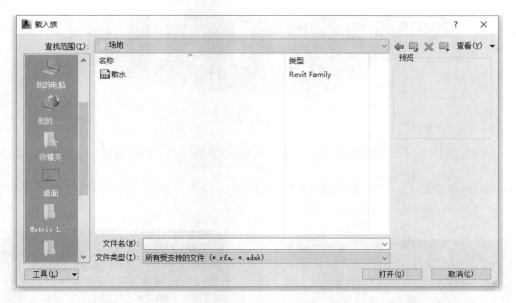

图 11-4

此散水族已经载入成功。回到绘图区中，选中绘制的墙饰条，点击"编辑类型"，复制命名为散水，在"轮廓"中将"默认"改为载入的"散水"（如图 11-5）。设置完成的散水如图 11-6 所示。

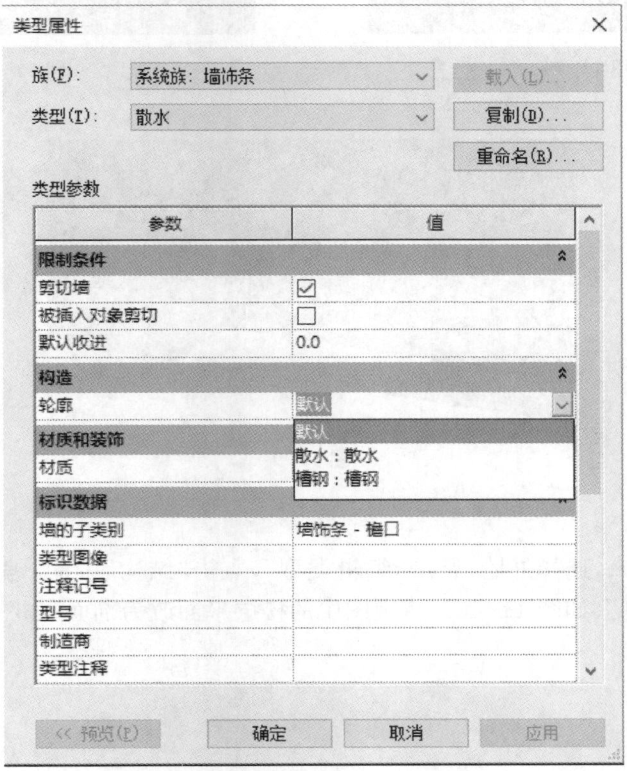

图 11-5

图 11-6

　　若局部墙体不需要设置散水，可通过打断命令（如图 11-7），将墙体打断（如图 11-8），通过"添加/删除墙" 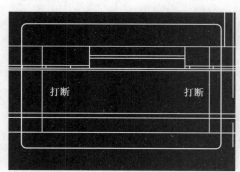 删除散水（如图 11-9）。

图 11-7

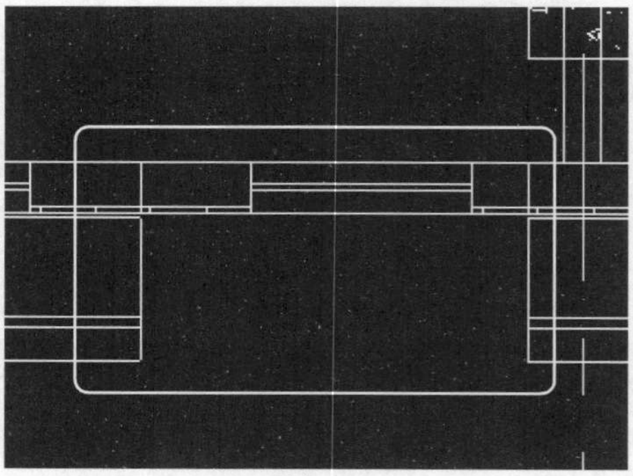

图 11-8

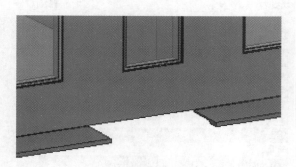

图 11-9

方法二：

　　将外墙隔离出来，选择外墙，点击"编辑类型"，点击"结构"中的"编辑"，在"编辑部件"对话框中点击"预览"（如图 11-10），将视图中的楼层平面改为剖面（如图 11-11）。

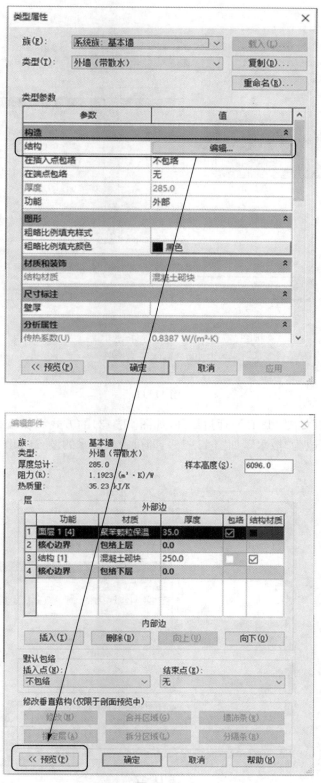

图 11-10

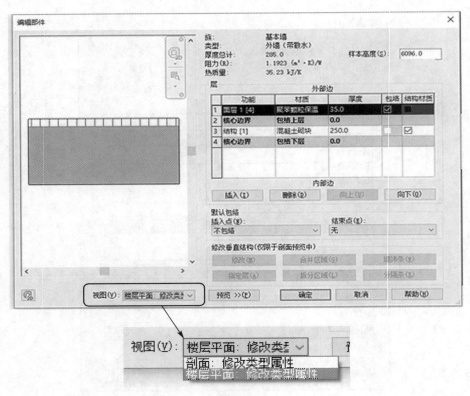

图 11-11

点击"墙饰条"（如图 11-12），通过添加（如图 11-13）的方式添加墙饰条（如图 11-14），将墙饰条的"轮廓"改为"散水"（如图 11-15），即可完成散水的设置（如图 11-16）。

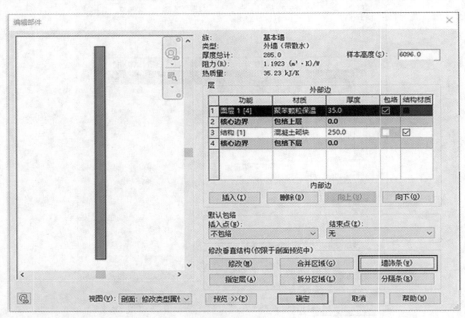

图 11-12

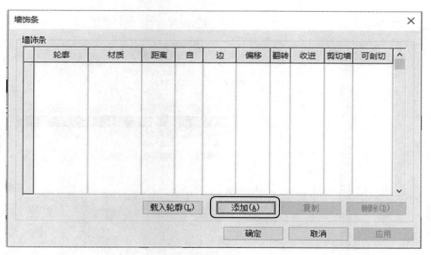

图 11-13

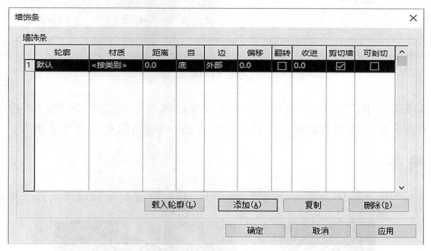

图 11-14

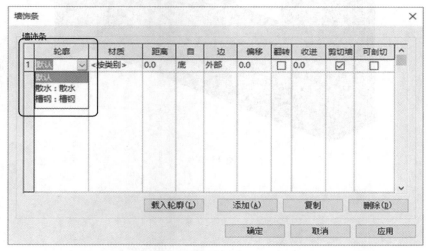

图 11-15

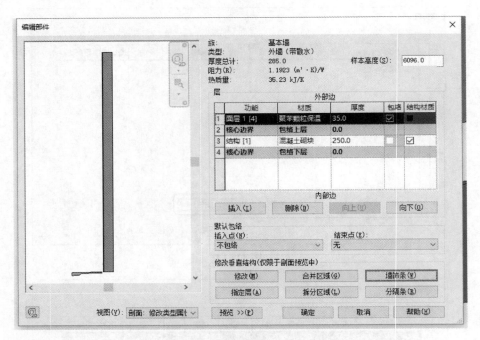

图 11-16

在墙饰条编辑中，"距离"控制高度，表示散水距离墙底面的距离，"偏移"控制左右，表示散水在平面上距离外墙的距离。设置完成后点击"确定"，散水沿着外墙布置。

二、分隔条

墙分隔条用于在墙体表面开分割缝（如图 11-17），方法与放置墙饰条方法相同。

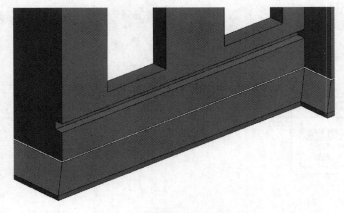

图 11-17

第十二章
楼层复制

一、复制

　　若建筑不同楼层的构造基本一致,可以通过复制将原楼层构件复制到其他楼层。例如:将一层的墙、门窗等构件复制到二层。

　　在三维模式中,选中所有构件,点击过滤器"　　",点击"放弃全部"(如图12-1),勾选需要复制的构件(如图12-2)。

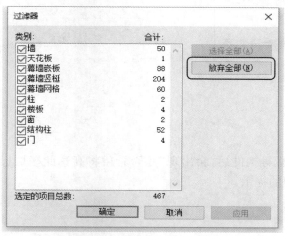

图 12-1

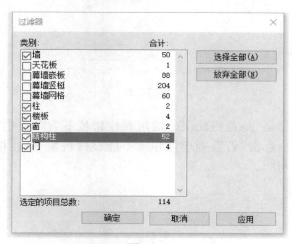

图 12-2

点击"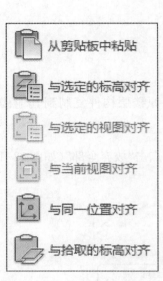 复制到剪贴板"，点击粘贴" ""与选定的标高对齐"（如图 12-3），选择 F2 层（如图 12-4），即可将一层选定构件复制到二层。此种复制方法仅适用于标高相同楼层间的复制。

图 12-3

图 12-4

二、附着

有时绘制完成楼板等构件后，会出现"是否希望将高达此楼层标高的墙附着到此楼层的底部？"（如图 12-5）的提示。

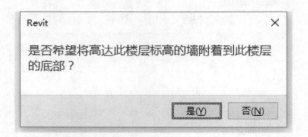

图 12-5

此提示代表的意思是"是否将此层的墙附着在楼板下方"，点击"是"，则整个楼板在墙体上方（如图 12-6）；点击"否"，则墙体顶部不能被楼板覆盖，在楼板顶部能漏出墙体（如图 12-7），但标高相同。

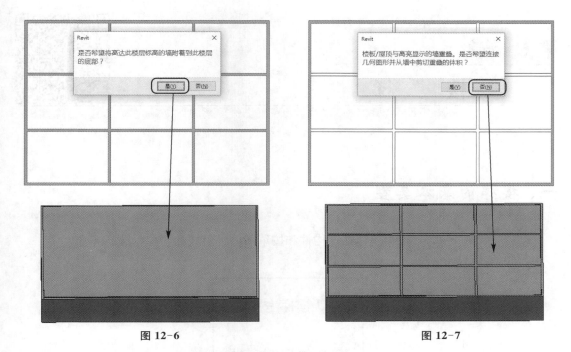

图 12-6　　　　　　　　　　　　　　　图 12-7

进入立面,将正面的墙删除,可看到不同。点击"是",表示已经附着(如图 12-8);点击"否",表示没有附着(如图 12-9)。

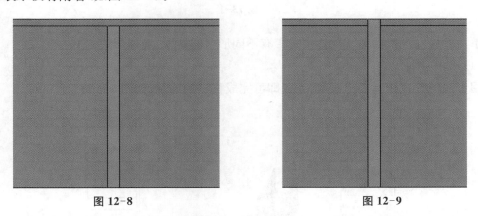

图 12-8　　　　　　　　　　　　　　　图 12-9

附着后,移动楼板,墙体会跟着移动(如图 12-10);没有附着,移动楼板,墙体不跟着移动(如图 12-11)。

图 12-10　　　　　　　　　　　　　　图 12-11

第十三章

楼　梯

一、楼梯的基本类型

点击"楼梯 楼梯"，下拉菜单包括按构件和按草图两种形式的楼梯（如图 13-1）。

图 13-1

下面按构件设置楼梯。软件中自带有不同形状的楼梯，具体形式如下：

（1）直梯 ▥

用直线的方式绘制楼梯，点击完成即可完成直梯的绘制（如图 13-2）。

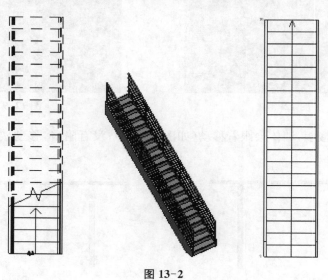

图 13-2

（2）全踏步螺旋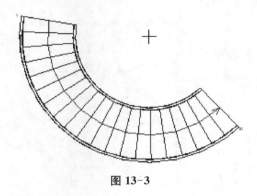

在圆心点绘制螺旋楼梯，出现如图 13-3 所示情况，这是因为选择的高度不够。

图 13-3

将高度设置为更高，点击"确定"，即可完成螺旋楼梯的绘制（如图 13-4）。

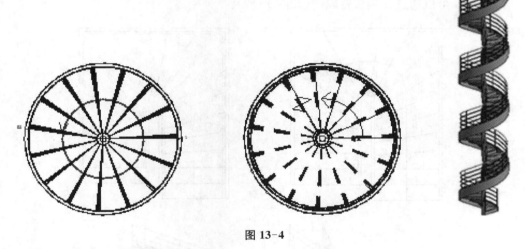

图 13-4

（3）圆心-端点螺旋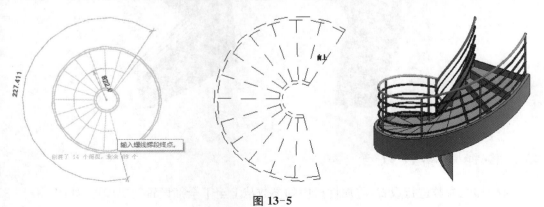

圆心-端点螺旋楼梯的绘制步骤为先确定圆心，再指定半径，再确定弧长（如图 13-5）。

图 13-5

（4）L 形转角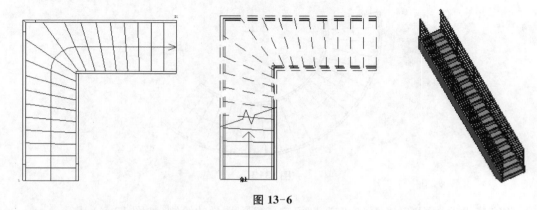

L 形转角楼梯通过直接放置即可确定(如图 13-6)。

图 13-6

（5）U 形楼梯

U 形楼梯可以通过直接放置确定(如图 13-7)。

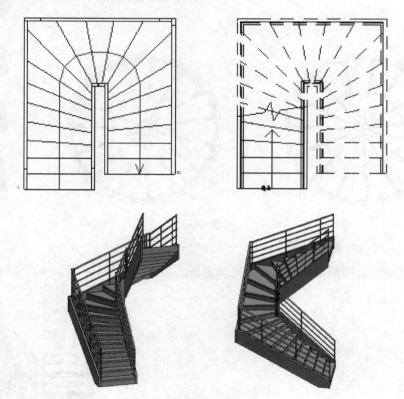

图 13-7

二、楼梯的参数设置

对楼梯的参数进行设置,将属性栏中的参数从上至下全部设置完成即可(如图 13-8)。

图 13-8

1. 楼梯的形式

将组合楼梯改成整体浇筑式楼梯(如图 13-9)。

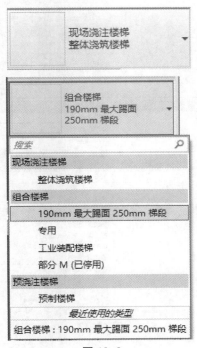

图 13-9

2. 确定标高

通过确定底部标高(或偏移)和顶部标高(或偏移),确定楼梯的高度(如图 13-10)。

限制条件	⌃
底部标高	室内地坪
底部偏移	0.0
顶部标高	F2
顶部偏移	0.0
所需的楼梯高度	3900.0
多层顶部标高	无

图 13-10

尺寸标注	⌃
所需踢面数	22
实际踢面数	1
实际踢面高度	177.3
实际踏板深度	280.0
踏板/踢面起始...	1

图 13-11

3. 踏步设置

在"尺寸标注"中输入楼梯的踢面数等信息完成踏步的设置(如图 13-11)。

4. 修改梯段宽度

通过输入实际梯段宽度来修改梯段宽度(如图 13-12)。

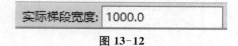

实际梯段宽度:	1000.0

图 13-12

5. 梯段的类型参数

点击"编辑类型",进行楼梯梯段的参数设置(如图 13-13)。

图 13-13

（1）梯段类型

根据楼梯的构造可以选择阶梯式或平滑式（如图 13-14），这两种形式的梯段如图 13-15 所示。

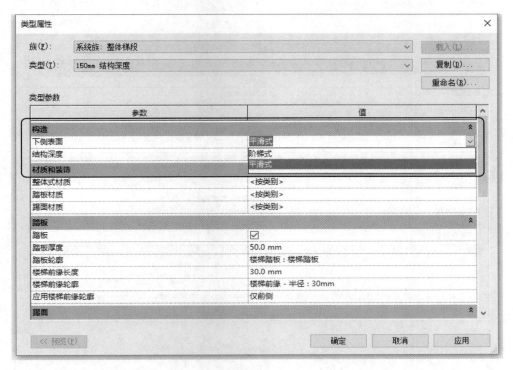

图 13-14

图 13-15

（2）踏板

在踏板处打钩，可以修改踏板的参数，如设置踏板 50 mm 厚，踏板轮廓等参数都可以修改（如图 13-16）。楼梯前缘长度表示踏板伸出楼梯踏面的距离。例如，将楼梯前缘长度设置为 20 mm（如图 13-17），则设置后的楼梯踏板如图 13-18 所示。如将楼梯前缘轮廓改为半径 30 mm（如图 13-19），则设置后的楼梯踏板如图 13-20 所示。

图 13-16

踏板	
踏板	☑
踏板厚度	50.0
踏板轮廓	楼梯踏板：楼梯踏板
楼梯前缘长度	20
楼梯前缘轮廓	默认
应用楼梯前缘轮廓	仅前侧

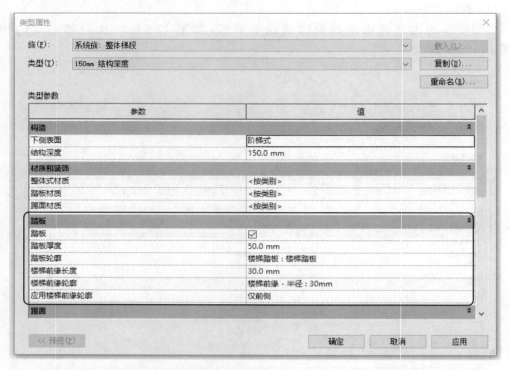

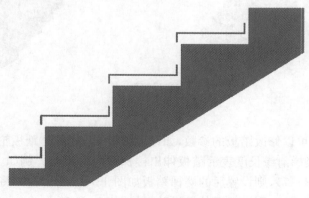

图 13-17

图 13-18

图 13-19

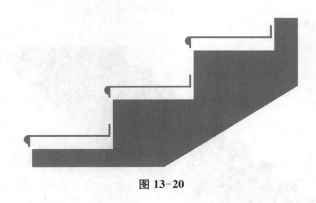

图 13-20

（3）踢面

勾选踢面和斜梯即可实现如图 13-21 所示的楼梯面样式。

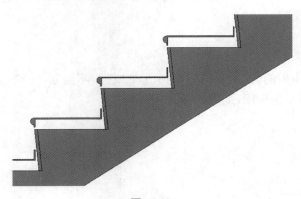

图 13-21

（4）支撑

支撑包括右侧、左侧和中部，主要是设置梯边梁、踏步梁。例如，将左右支撑都选择为"梯边梁（闭合）"，则楼梯的造型如图 13-22 所示。如将左右支撑选择为"踏步梁（开放）"，则楼梯变为图 13-23 所示的形式。

图 13-22

图 13-23

6. 绘制楼梯

以直梯 22 级踏步为例，先绘制第一个梯段，22 级踏步绘制 11 级（如图 13-24），沿着第一个梯段平行绘制第二个梯段（如图 13-25）。

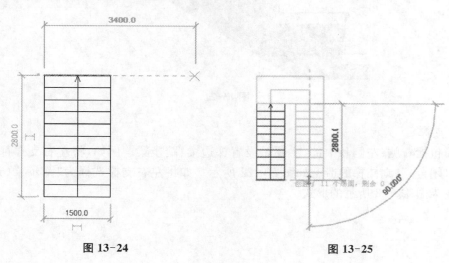

图 13-24　　　　　　　　　　　　图 13-25

楼梯绘制完成后会出现警告提示(如图 13-26),警告原因是楼梯因为转角问题栏杆被打断,可以删除栏杆,保留梯段然后重新设置栏杆(如图 13-27)。对于需要修改的参数可以在"编辑类型"或者"属性"中进行编辑改动。

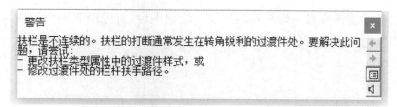

图 13-26

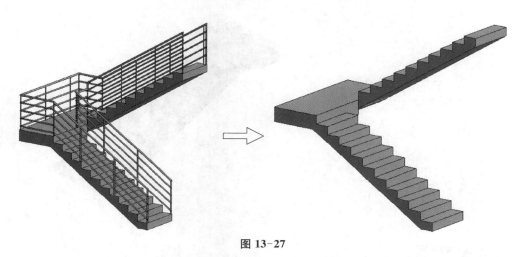

图 13-27

在楼梯参数设置时,要在选中楼梯类型后再变动相关参数,不能调整参数后再选择类型,否则标高将出现错位。

根据图纸中的楼梯详图,确定踢面数和踏步宽,确定梯段宽,在正确的位置绘制楼梯,并拖动平台到楼梯间的墙边,点击"确定",生成楼梯(如图 13-28)。

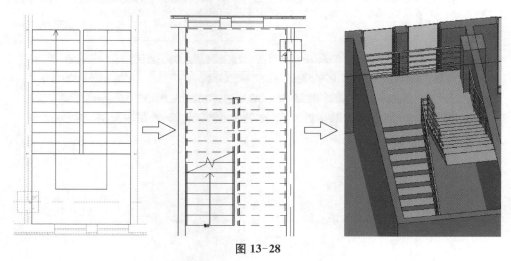

图 13-28

三、平台

1. 绘制

平台针对单跑楼梯或者不带平台的梯段。绘制平台，首先绘制一个梯段，点击"平台"，通过创建草图" 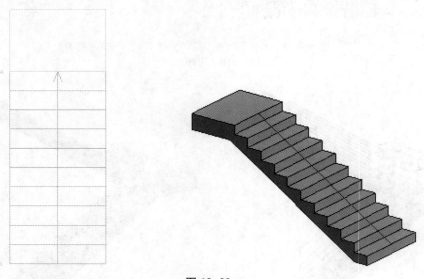"绘制平台（如图 13-29）。

图 13-29

2. 厚度与材质

平台厚度的修改在编辑类型"整体厚度"中进行修改（如图 13-30），还可以进行平台材质的编辑。

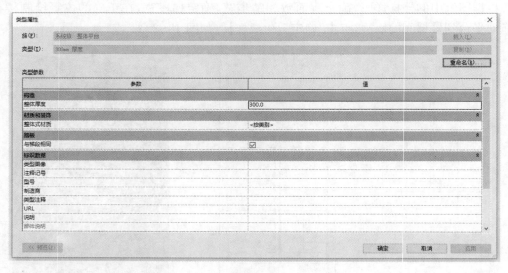

图 13-30

3. 平台高度

属性编辑栏中的"相对高度"一项,软件会根据梯段的高度自动判断(如图 13-31)。

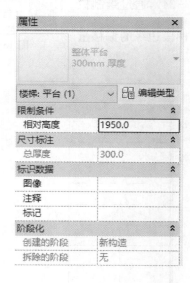

图 13-31

四、栏杆扶手

1. 放置栏杆

绘制好梯段,点击"放置在主体上"(如图 13-32),直接放置栏杆

(如图 13-33)。编辑栏杆,可以通过点击"  ",或者双击栏杆对栏

杆进行编辑。

图 13-32

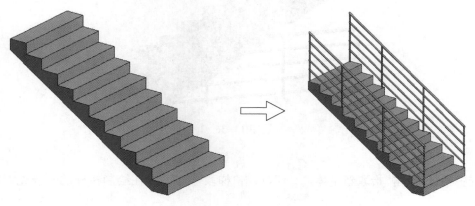

图 13-33

2. 绘制栏杆

点击栏杆扶手""或"绘制路径"（如图 13-34），通过绘制栏杆路径线的位置绘制栏杆，通过偏移量设置栏杆在梯段边缘的偏移量（如图 13-35）。

图 13-34

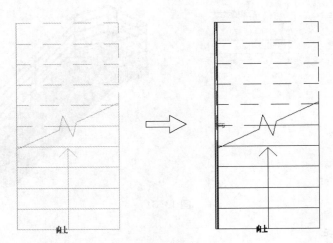

图 13-35

绘制完成后，栏杆并没有附着在梯段上（如图 13-36），原因是绘制的栏杆仅相当于在楼层平面进行的绘制，因此没有坡度。

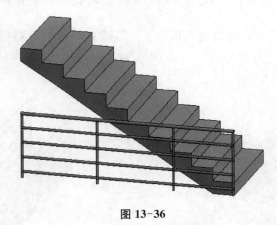

图 13-36

选中栏杆，点击"拾取新主体"，点击"梯段"，亦可以在绘制栏杆的时候先点击"拾取新主体"，绘制完成后栏杆会直接拾取梯段（如图 13-37）。

栏杆必须是一条线段或者一段闭合的路线，无法一次生成多个不闭合的栏杆。假如画两条路线，"确定"后，会出现错误警告（如图 13-38）。

图 13-37

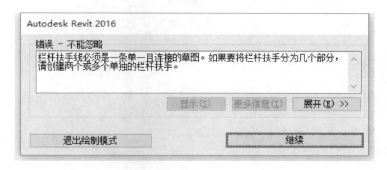

图 13-38

当楼梯梯段设置了梯边梁后,栏杆的放置出现踏板和梯边梁可供选择,既可以放置在踏板上,也可以放置在梯边梁上(如图 13-39)。

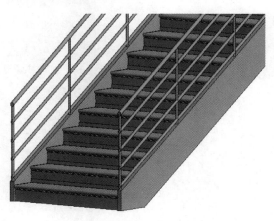

图 13-39

五、多层楼梯绘制

先绘制首层的楼梯,通过复制粘贴,与选定标高对齐,选择 F2 即可将首层楼梯复制到二层(如图 13-40),楼层平台的栏杆可以通过绘制栏杆的方式进行相连。

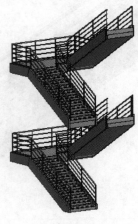

图 13-40

第十四章

洞　口

洞口通过"建筑"选项卡下的"洞口"命令绘制（如图14-1）。

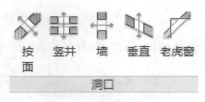

图 14-1

1. 按面

按面开洞适用于屋顶、楼板、天花板、梁或柱的平面。若在斜板上开洞，开洞方向是垂直于平面的（如图14-2）。

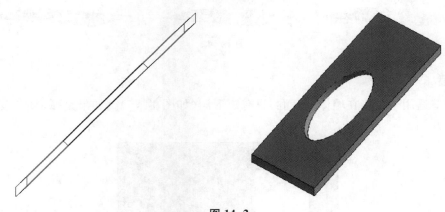

图 14-2

2. 竖井

如需在多层楼板中设置上下贯穿的洞口，可采用竖井进行绘制，但竖井只对楼板、屋顶、天花板开洞有作用。绘制多层楼板，点击"竖井"，在需开洞的位置绘制一个洞口（如图14-3）。

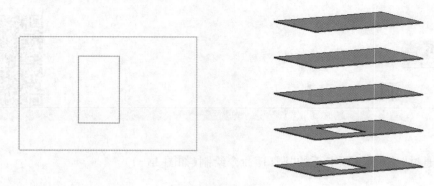

图 14-3

点击竖井部分，拖动至需要的楼层，形成对多层楼板开洞（如图 14-4）。

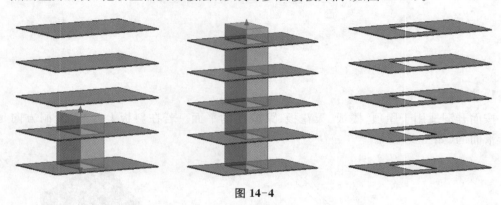

图 14-4

3. 墙

墙洞口适用于直接在墙体上开洞，只有矩形洞（如图 14-5）。如果是弧形墙，洞口可以根据墙体开洞。

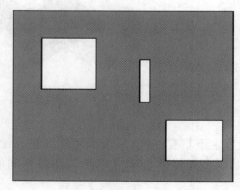

图 14-5

若在墙体中开圆形或多边形的洞，可以选择到墙体，点击编辑轮廓" "，在轮廓中绘制需要开洞的图形(如图 14-6)。

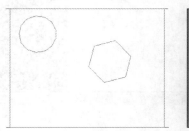
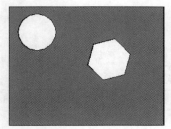
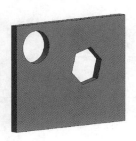

图 14-6

4. 垂直

垂直洞口表示开洞的方向是垂直向下的(如图 14-7)。

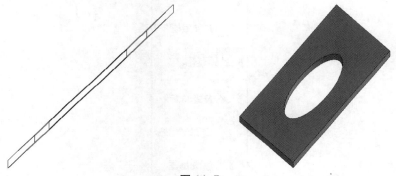

图 14-7

绘制楼梯间洞口时,可以在楼梯间部分绘制竖井(如图 14-8),通过拖动到合适位置,将楼梯间部分的楼板去除。可以通过剖切面观察绘制结果(如图 14-9)。

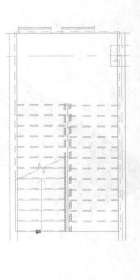

图 14-8

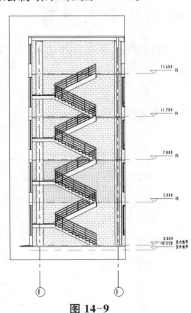

图 14-9

第十五章

屋　顶

屋顶包括两类:迹线屋顶和拉伸屋顶(如图 15-1)。

图 15-1

一、通过边界线绘制屋顶

通过边界线直接绘制屋顶的外边形状(如图 15-2),点击"确定"即可根据边界线生成屋顶(如图 15-3)。

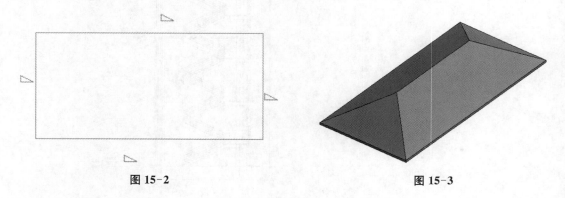

图 15-2　　　　　　　　　　　　　　　　　图 15-3

点击"编辑迹线 ![编辑迹线图标] ",可以设置屋顶的每个边的坡度,点击每个边,会显示坡度(如图15-4)。可以将不需要坡度的边去掉勾选的"定义屋顶坡度"(如图15-5),生成图如图15-6。

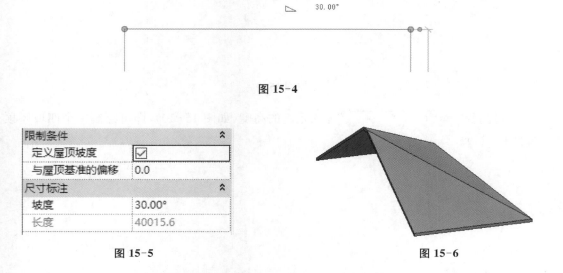

图 15-4

图 15-5

图 15-6

绘制带有坡度的圆形屋顶,仍然可以使用边界线进行屋顶轮廓的创建,并可以修改屋顶的坡度和半径(如图15-7),生成带有坡度的圆形屋顶(如图15-8)。

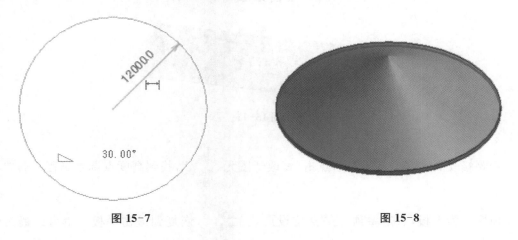

图 15-7

图 15-8

二、通过楼板绘制屋顶

1. 添加点 ![添加点图标] 添加点

绘制一个矩形楼板,选中楼板,通过添加点的方式在楼板中需要抬起的位置放置点(如图15-9)。

图 15-9

通过高程"高程:0"输入抬起的高度（如图 15-10），即可绘制一个四坡屋顶（如图 15-11）。

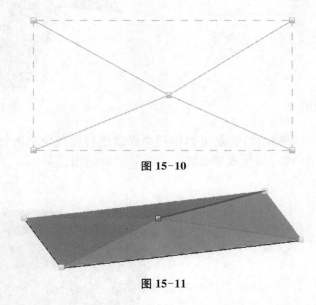

图 15-10

图 15-11

若要修改高度，先点击屋顶，点击"修改子图元修改子图元"，找到高度点调整高程。若要将坡屋顶恢复为平板，点击屋顶，点击"重设形状重设形状"，恢复到最初平板。也可以通过设置多个添加点，绘制复杂屋顶（如图 15-12）。

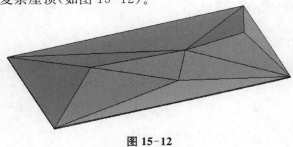

图 15-12

2. 添加分割线 添加分割线

点击"添加分割线",在楼板上添加坡度分割线,点击"修改子图元 修改 子图元",选中分割线,可以提升分割线的高度,例如输入1000(如图15-13),生成图如图15-14所示。

图 15-13

图 15-14

若要屋顶板下部不随坡度变化而变化,在编辑类型的结构编辑中勾选"可变"(如图15-15),即可生成如图15-16所示的坡屋顶形式。

	功能	材质	厚度	包络	结构材质	可变
1	核心边界	包络上层	0.0			
2	结构 [1]	<按类别>	100.0	☐	☑	☐
3	核心边界	包络下层	0.0			

图 15-15

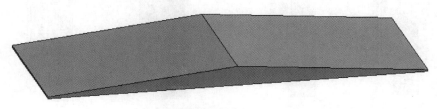

图 15-16

三、附着

以楼板绘制屋顶的方式进行屋顶坡度设置后,可能会出现墙或柱等构件超出坡屋顶的情况(如图 15-17),此时可通过"附着顶部/底部"的设置实现墙柱与屋顶的附着。

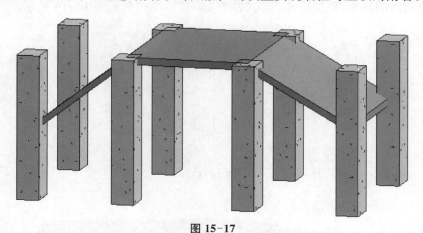

图 15-17

选中所有柱,如果还有墙等其他构件,用过滤器选取。点击"附着顶部/底部",如图 15-18 所示,附着的样式包括剪切柱、剪切目标和不剪切(如图 15-19),附着对正包括最小相交、相交柱中线和最大相交(如图 15-20),选择"剪切目标""最大相交",实现柱与屋顶的附着(如图 15-21)。

附着柱:◉顶 ○底　附着样式: 剪切柱　∨　附着对正: 最小相交　∨　从附着物偏移: 0.0

图 15-18

| 剪切柱 |
| 剪切目标 |
| 不剪切 |

| 最小相交 |
| 相交柱中线 |
| 最大相交 |

图 15-19　　　　　　　　　　**图 15-20**

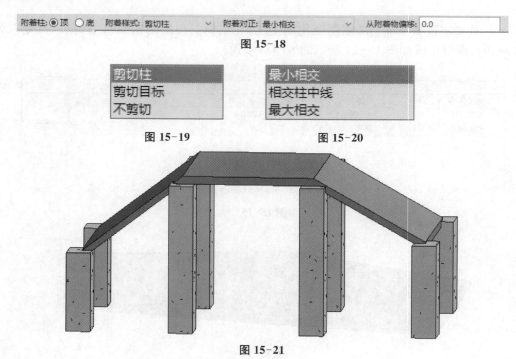

图 15-21

第十六章

场　　地

一、设置地形

点击"体量和场地"选项卡 体量和场地 ，在建筑室外地坪设置场地。

点击"地形表面 _{地形表面}"，对于地形的设置有两种方法（如图 16-1），分别是放置点、通过导入创建（包括选择导入实例、指定点文件两种方法）。

图 16-1

1. 放置点

通过放置高程点绘制地形，在合适的位置放置高程点，点击放置点，输入高程。三个点可以形成一个地形面（如图 16-2）。通过多个点的放置，形成地形（如图 16-3）。

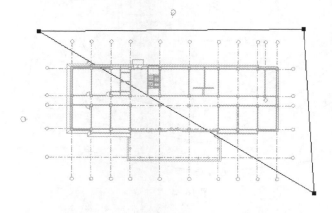

图 16-2

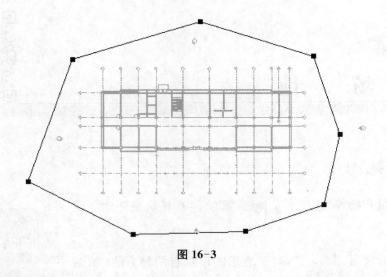

图 16-3

在建筑内部放置高程点不会影响地形形状，但输入高程后会改变地形高低。例如输入高程 2000。按 Esc 键退出后，可以分别修改各个点的高程（如图 16-4），并可在属性栏"材质"中选择场地的材料（如图 16-5）。

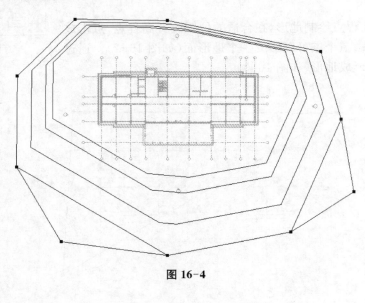

图 16-4

材质和装饰	≫
材质	<按类别>

图 16-5

2. 指定点文件

点击指定点文件，通过导入"项目基点坐标"文件建立地形。项目基点坐标是通过测量

测出的高程文本，切换成".txt"文件格式，导入后点击完成。可以通过"编辑表面 "编辑

查看各个坐标点的高程（如图 16-6）。

图 16-6

3. 导入实例

点击"插入 插入 ""导入 CAD"，导入等高线 CAD 图（单位选择米）（如图 16-7）。

图 16-7

进入"体量和场地 体量和场地 "，点击

"通过导入创建 通过导入创建 "中的"选择导入实

例 选择导入实例 "，点击导入的等高线图，软
件会提示从所选图层添加点（如图 16-8），
点击确定即可将实例导入（如图 16-9），点
击完成，将导入的 CAD 等高线图删除即可
（如图 16-10）。

图 16-8

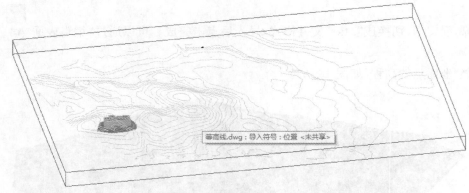

图 16-9

图 16-10

二、在场地上绘制道路

点击"子面域 ⬚ "，在场地上绘制道路（如图 16-11）。
子面域

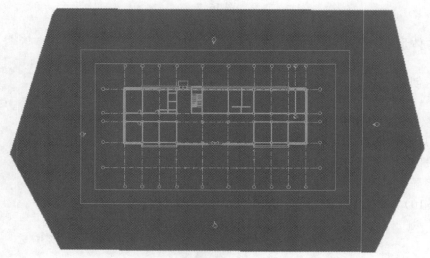

图 16-11

对道路的倒角进行设置,可以点击绘制的道路,点击"编辑边界 ![编辑边界]",使用圆角弧(如图 16-12),半径可以修改(如图 16-13)。

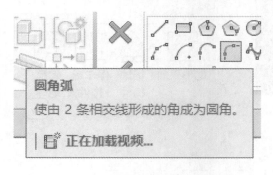

图 16-12

图 16-13

三、建筑地坪

点击"建筑地坪 ![建筑地坪]",建筑地坪可以调整标高,标高调整为地面向下,相当于做一个基坑(如图 16-14)。

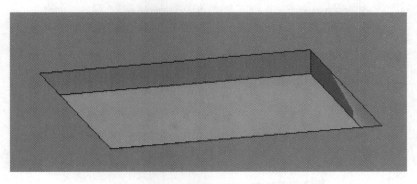

图 16-14

四、调整等高线比例

选中场地,点击编辑表面,设置某个点的高程,形成等高线(如图 16-15)。

图 16-15 中等高线比较稀疏,表示比例较大,点击场地建模右下角的箭头(如图 16-16),软件默认间隔 5 m 一个等高线(如图 16-17),将间隔调小即可(如图 16-18)。

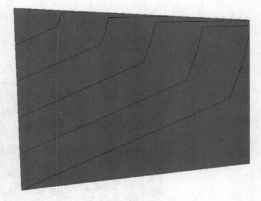

图 16-15

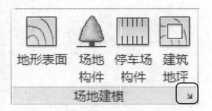

图 16-16

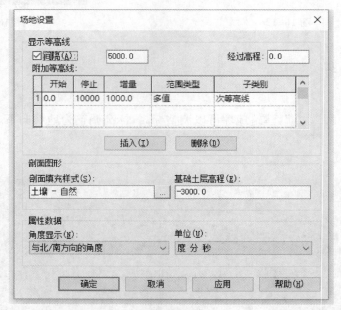

图 16-17

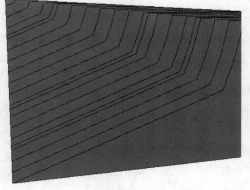

图 16-18

五、场地构件

1. 树木

点击"场地构件  ",在属性栏中可以选择多种植物放置在场地上(如图 16-19),并

可设置为真实模式(如图 16-20)或着色模式(如图 16-21),以达到需要的显示效果。

图 16-19

图 16-20

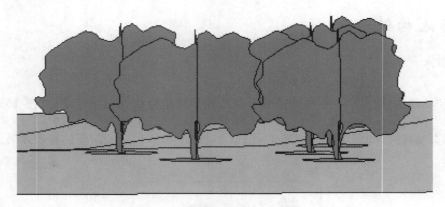

图 16-21

2. 放置其他场地构件

点击"场地构件"，在属性栏中的"编辑类型 ⊞ **编辑类型** "中，点击"载入"，在"建筑"文件夹中的"场地"文件夹中包含"附属设施""公用设施""后勤设施""体育设施"和"停车场"文件夹（如图 16-22），包含了各种可载入族，根据需要在场地中放置即可。例如载入一个喷水池、滑梯等（如图 16-23，图 16-24）。

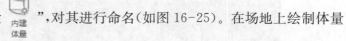

图 16-22

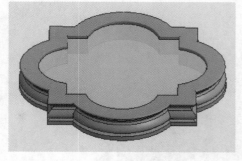

图 16-23

图 16-24

此外，在拟建建筑周边可能有原有建筑，可以通过体量块快速建立原有建筑轮廓模型。

点击"体量和场地"中的"内建体量 🔲 "，对其进行命名（如图 16-25）。在场地上绘制体量的平面形状，例如创建一个六边形体量（如图 16-26），按 Esc 键退出当前命令，选中创建的体量形状（如图 16-27），点击"创建形状"，创建六边形体量，点击"完成体量"确定，形成原有建筑的体量块（如图 16-28），点击"体量楼层"，可以根据已经设置的标高将体量设置出楼层（如图 16-29）。

图 16-25

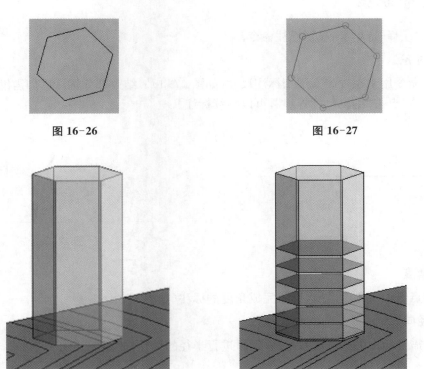

图 16-26　　　　　　　　　　　　图 16-27

图 16-28　　　　　　　　　　　　图 16-29

第十七章

标　注

一、尺寸标注

点击"注释"选项卡，显示标注命令。

1. 对齐

对齐命令用来在轴线上逐个标注尺寸（如图17-1）。结束部分标注后如需继续标注，点击原尺寸线，点击"编辑尺寸界线"，可以继续标注。

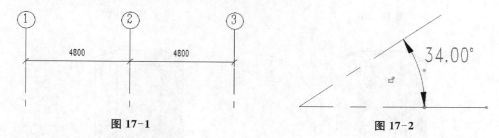

图 17-1　　　　　　　　　　图 17-2

2. 角度

分别点击构成角度的线，即可完成角度的标注（如图17-2）。

3. 径向

点击需要标注的圆弧或者半圆，即可进行半径的标注（如图17-3）。

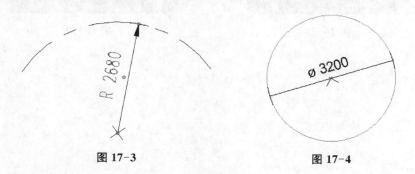

图 17-3　　　　　　　　　　图 17-4

4. 直径

点击需要标注直径的圆，即可完成直径的标注（如图17-4）。

5. 弧长

选中需要标注弧长的弧形,点击参照的起点和终点,即可完成弧长的标注(如图 17-5)。

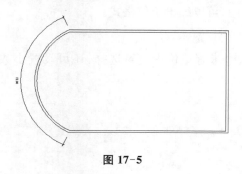

图 17-5

6. 高程

在构件上直接放置高程点,软件会自动显示构件的高度(如图 17-6)。

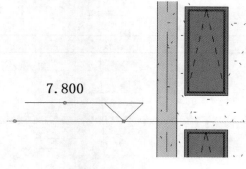

图 17-6

7. 高程点坐标

点击需要标注的位置,进行坐标标注(如图 17-7)。

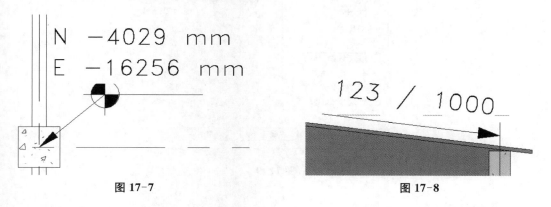

图 17-7   **图 17-8**

8. 高程点坡度

在需要标注坡度的位置点击进行标注(如图 17-8)。

二、单位格式

在尺寸标注编辑类型中，可以编辑单位格式。

1. 单位格式

单位可以在米、厘米、毫米等单位中进行选择；还可设置小数位，以及单位符号（如图 17-9）。

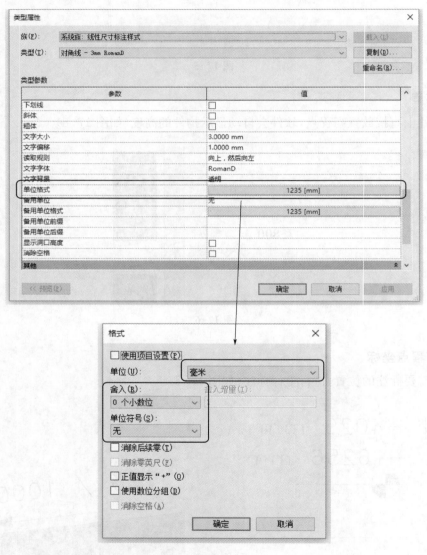

图 17-9

2. 等分公式

在等分公式中点击总长度（如图 17-10），将段数和线段的长度移到"标签参数"中，总长度移回"尺寸参数"（如图 17-11），尺寸标注将出现 EQ（如图 17-12），EQ 将对轴线间的尺寸进行平均分配。

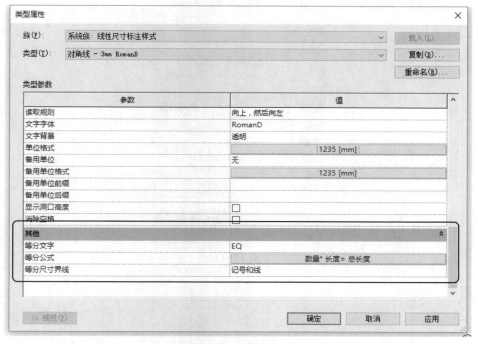

图 17-10

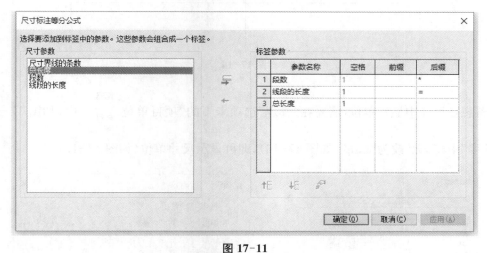

图 17-11

图 17-12

若将等分公式进行编辑后，将属性栏"等分显示"中的"等分文字"改为"等分公式"（如图 17-13），尺寸标注则表示为公式的形式（如图 17-14）。

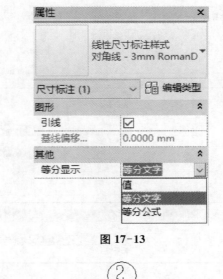

图 17-13

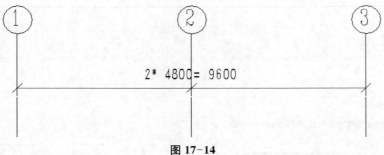

图 17-14

若想在尺寸中显示单位，需要在"管理"选项卡下的"项目单位 项目 单位"中（如图 17-15），在"长度"中将"无"改为"mm"（如图 17-16），即可显示尺寸单位（如图 17-17）。

图 17-15

图 17-16

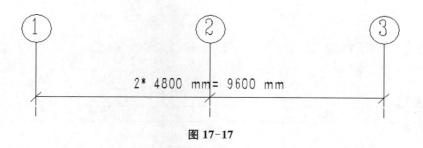

图 17-17

三、尺寸标注编辑

在"尺寸标注"中点击尺寸标注下拉菜单(如图17-18),此部分相当于上面各个标注的编辑类型,点击各标注类型可以快速进行参数的设置。

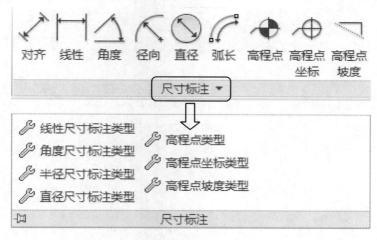

图 17-18

四、标记

1. 按类别标记

点击"按类别标记 ",将鼠标放在需要标记的构件上,如窗,软件会自动标记(如图17-19),此时标注的是类型标记,并不是窗的编号,可以在构件类型属性中将类型标记改为图纸中的窗编号(如图17-20)。例如将窗命名为LC1(如图17-21)。

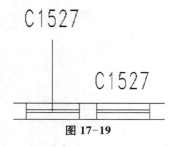

图 17-19

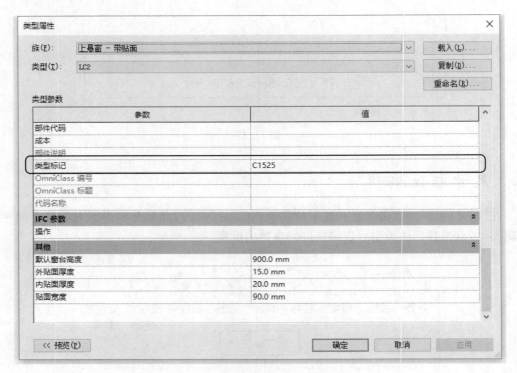

图 17-20

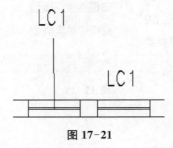

图 17-21

如果是竖向的标记，勾选"随构件旋转"（如图 17-22）。

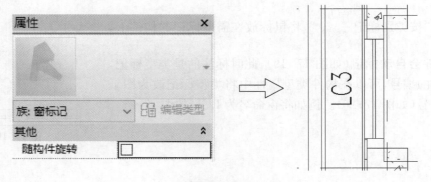

图 17-22

2. 全部标记

点击"全部标记 　　"，凡是跟标记相关的都出现在此对话框中。若点击窗标记，则当前图中全部的窗都会进行标记（如图 17-23）。

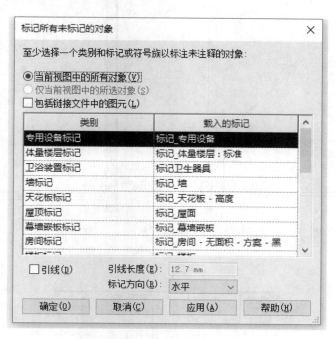

图 17-23

3. 房间标记

（1）单个房间标记

点击"建筑"选项卡下的"房间 　　"，点击在"放置时进行标记"，软件会对房间进行标记（如图 17-24）。

对于非规整的房间（如图 17-25），进行标记可以通过"房间分隔 　　"，绘制分割线或线框将房间分割（在项目中不可见），再进行房间标注（如图 17-26）。

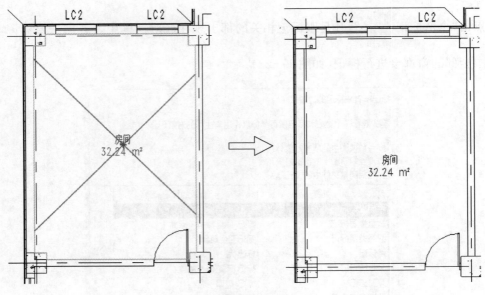

图 17-24

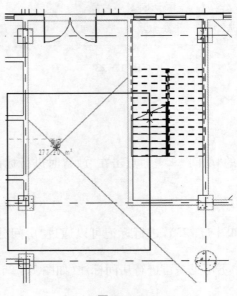

图 17-25

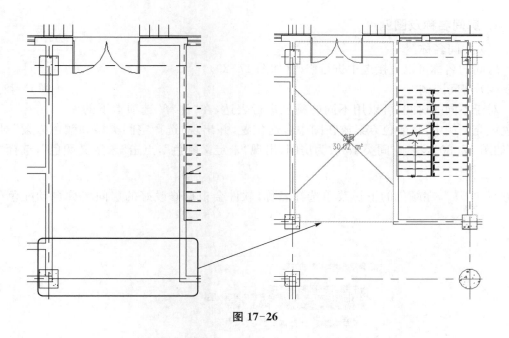

图 17-26

（2）全部标记

在楼层平面中将要标记房间的楼层复制出一个同楼层，可命名为"房间图例"，在原楼

层平面图中标记房间，在复制的房间图例图中点击"标记房间　　　"，在已经标记好的房间

上可以通过"标记房间"或"标记所有未标记的对象"进行标记（如图 17-27），其中"标记房间"
表示标记单个房间，"标记所有未标记的对象"则是同时标记全部未标记房间（如图 17-28）。

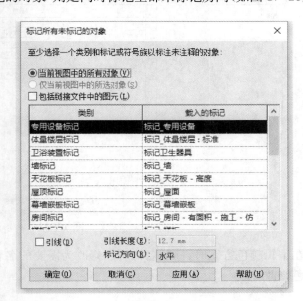

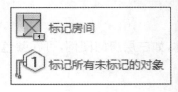

图 17-27　　　　　　　　　　　　　　图 17-28

4. 房间名称及图例

（1）房间名称

房间的名称可以直接选中进行修改（如图 17-29）。

（2）房间图例

对于不同的房间，可以用不同的颜色进行表达，在"注释"选项卡下的

图 17-29

颜色填充图例中，将颜色方案放在图中合适位置，并出现"选择空间类型和颜色方案"对话框（如图 17-30），将"空间类型"改为房间，出现"未定义颜色"，点击"未定义颜色"，选择"编辑方案 ![编辑方案]"，在颜色的下拉菜单选择名称，软件会根据修改好的房间名称自动配色（如图 17-31）。

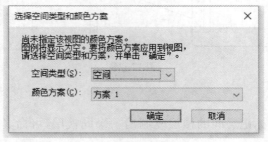

图 17-30

方案		方案定义					
类别：房间		标题：方案 1 图例	颜色：名称	●按值 ○按范围	编辑格式		
（无）方案 1			值	可见	颜色	填充样式	预览	使用中

编辑颜色方案 ×

	值	可见	颜色	填充样式	预览	使用中
1	会议室	☑	RGB 156-18	实体填充		是
2	办公室	☑	PANTONE 3	实体填充		是
3	大厅	☑	PANTONE 6	实体填充		是
4	女卫生间	☑	RGB 139-16	实体填充		是
5	房间	☑	PANTONE 6	实体填充		是
6	男卫生间	☑	RGB 096-17	实体填充		是

选项
□包含链接中的图元(I)

确定　　取消　　应用　　帮助(H)

图 17-31

在编辑颜色方案时，标题名称可以修改为需要的名称，如三层房间图例，可在颜色中进行配色修改。

第十八章

明细表

一、基本明细表

明细表在项目浏览器中显示,软件中有默认的明细表(如图 18-1),只要在项目中绘制了构件、建立了模型,Revit 软件会通过明细表自动地出量。例如,绘制了墙体模型后,在外墙明细表中即可显示墙的类型、面积、体积的信息(如图 18-2)。

```
□ ▦ 明细表/数量
    A_使用面积明细表
    A_图纸目录
    A_幕墙明细表
    A_总建筑面积明细表
    A_房间明细表
    A_材料明细表
    A_防火分区面积明细表
    A_面积明细表(人防面积)
    B_内墙明细表
    B_外墙明细表
    B_屋面明细表
    B_栏杆扶手明细表
    B_楼板明细表
    B_楼梯明细表
    B_结构构架明细表
    B_结构柱明细表
```

图 18-1

<B_外墙明细表>

A	B	C
族与类型	面积(平方米)	体积(立方米)
基本墙: 内墙200	3268.62	653.69
基本墙: 内墙200剪力墙	342.78	68.56
基本墙: 外墙250	493.95	140.77
基本墙: 外墙(带散水)	327.83	91.97
基本墙: 栏杆墩300	2.16	0.65
幕墙: MQ1	166.01	0.00
幕墙: MQ2	355.51	0.00
总计: 151	4956.84	955.64

图 18-2

二、自建明细表

明细表除软件自带的以外，还可以自己建立。在"视图"选项卡 视图 下"明细表"选项中点击"明细表/数量" 明细表/数量，出现"新建明细表"对话框（如图 18-3）。

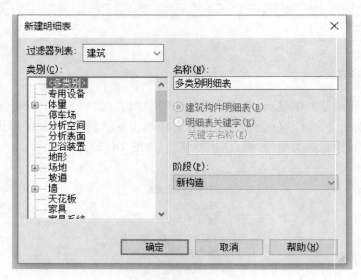

图 18-3

例如我们建立门的明细表，"阶段"表示可以阶段计算构件的量，包括现有和新构造，可以在模型中点击对应的构件，在属性栏中最下方有"阶段化"，在此进行修改。在"新建明细表"对话框中选择"门"点击"确定"（如图 18-4），即可对明细表属性进行设置（如图 18-5）。

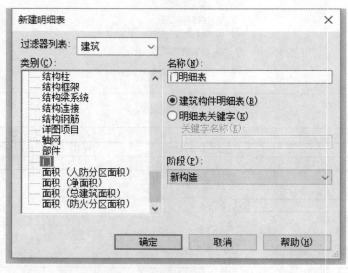

图 18-4

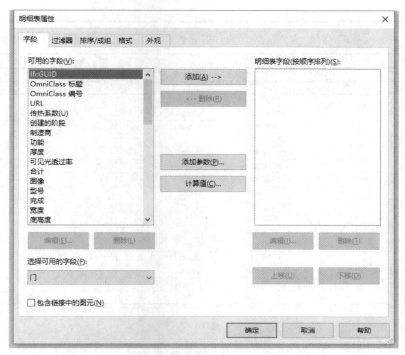

图 18-5

将"可用的字段"添加至"明细表字段"中（如图 18-6），根据所选的字段建立明细表（如图 18-7），

图 18-6

		<门明细表>			
A	B	C	D	E	F
族与类型	型号	宽度	底高度	合计	说明
单嵌板木门 1:		1000 mm	0 mm	1	
单嵌板木门 1:		1000 mm	0 mm	1	
单嵌板木门 1:		1000 mm	0 mm	1	
门嵌板_双开		3725 mm		1	
单嵌板木门 1:		1000 mm	0 mm	1	
单嵌板木门 1:		1000 mm	0 mm	1	
单嵌板木门 1:		1000 mm	0 mm	1	
单嵌板木门 1:		1000 mm	0 mm	1	
单嵌板木门 1:		1000 mm	0 mm	1	
单嵌板木门 1:		1000 mm	0 mm	1	
单嵌板木门 1:		1000 mm	0 mm	1	
单嵌板木门 1:		1000 mm	0 mm	1	
单嵌板木门 1:		1000 mm	0 mm	1	
双面嵌板镶玻		2100 mm	0 mm	1	
单嵌板格栅门:		1200 mm	0 mm	1	
单嵌板格栅门:		1200 mm	0 mm	1	

图 18-7

我们发现此明细表是根据构件逐个建立的，没有汇总。明细表做好后，可以在属性中"其他"部分对明细表进行编辑，如点击字段后的"编辑"（如图 18-8），点击"排序/成组"后的"编辑"（如图 18-9），

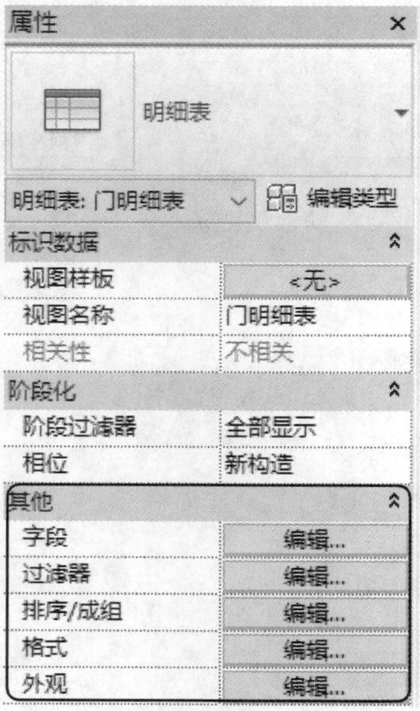

图 18-8

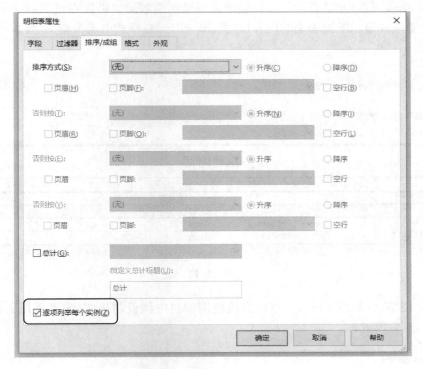

图 18-9

在"排序/成组"中有"逐项列举每个实例",去掉勾选,修改合适的排序方式,如修改为"族与类型",点击"确定"形成表格如图 18-10 所示。

<门明细表>					
A	B	C	D	E	F
族与类型	型号	宽度	底高度	合计	说明
单嵌板木门 1:		1000 mm	0 mm	12	
单嵌板格栅门		1200 mm	0 mm	2	
双面嵌板镶玻		2100 mm	0 mm	1	
门嵌板_双开		3725 mm		1	

图 18-10

有些数据在明细表中不显示,原因是排序没有选到对应的值,可以通过编辑进行重新排序(如图 18-11)。

图 18-11

勾选明细表属性中的"总计"，会在明细表中显示总数量。可以在过滤器中设置过滤条件，根据过滤条件显示明细表中的内容（如图 18-12）。在格式中点击相关字段，可以进行总数的计算。

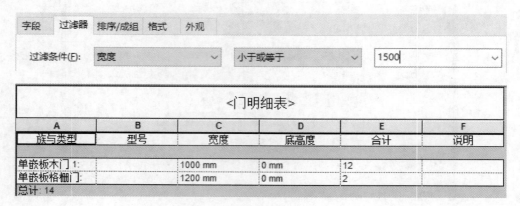

图 18-12

点击字段格式（如图 18-13），可以直接使用项目中预设的格式，或者可以去掉勾选（如图 18-14），自行设置。

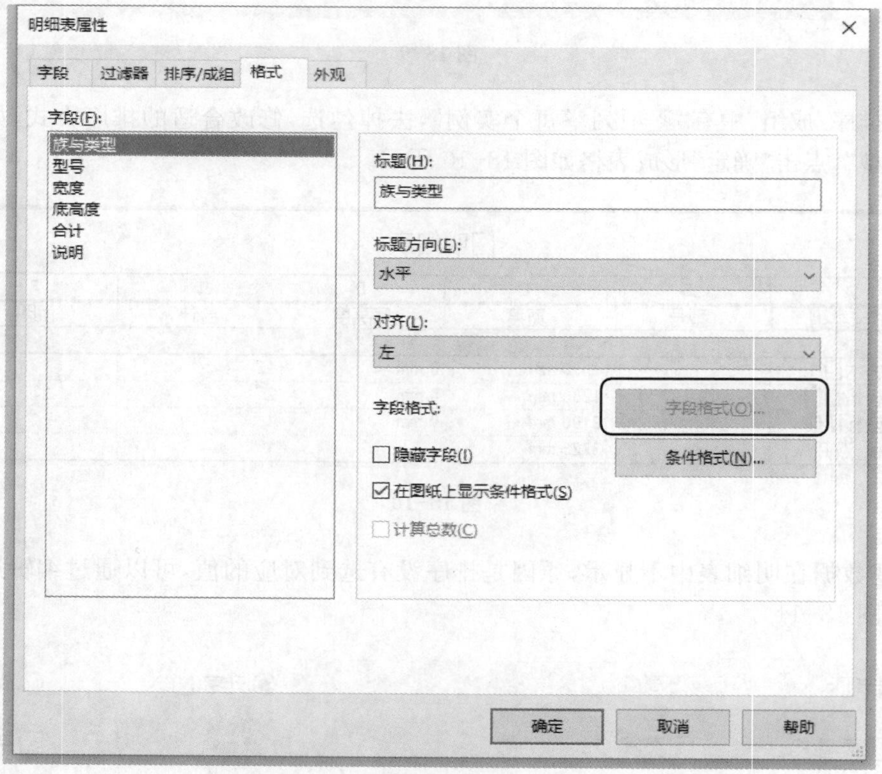

图 18-13

图 18-14

明细表除了能够表示构件信息外,有时还需要表示价格信息,我们可以通过价格公式进行编辑。

在明细表属性中点击"添加参数 添加参数(P)... ",可以进行公式编辑。以结构柱为例,在明细表中做一个价格的公式,在名称处输入"单价",类型表示一类构件,实例表示一个构件。规程选择"公共",参数类型选择"货币",参数分组方式选择"其他",点击"确定"。

在明细表字段中设置,选中"成本"(如图 18-15),点击"计算值 计算值(C)... ",进行公式编辑(如图 18-16)。点击公式的编辑按钮,出现总价(如图 18-17)。在"排序/组成"中按照体积进行排序,在单价部分输入价格,即可计算总价(如图 18-18)。

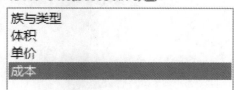

图 18-15

图 18-16

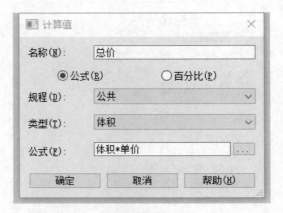

图 18-17

<B_结构柱明细表>				
A	B	C	D	E
族与类型	体积（立方米）	单价	成本	总价
混凝土 - 圆形 -	7.07	200.00		141.37
混凝土 - 圆形 -	7.66	200.00		153.15
混凝土 - 矩形 -	2.14	200.00		214.08
混凝土 - 矩形 -	54.72	200.00		273.60
混凝土 - 矩形 -	174.10	200.00		280.80
混凝土 - 圆形 -	4.31	200.00		431.26
混凝土 - 圆形 -	13.28	200.00		442.61
总计: 194	263.27			

图 18-18

第十九章

出　图

在视图 视图 选项卡下，点击图纸 （如图 19-1），如果没有载入标题栏则点击"载入"，载入标题栏文件夹中的标题栏族（如图 19-2）。

图 19-1

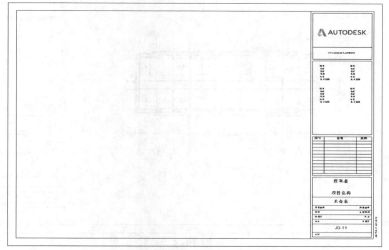

图 19-2

在项目浏览器中展开"图纸（全部）"（如图 19-3），在属性栏中修改图纸编号和图纸名称等信息。在楼层平面中将楼层直接拖拽到图纸框中，若大小不合适，修改比例（如图 19-4）。

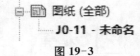

图 19-3

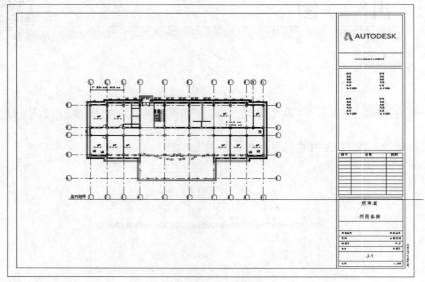

图 19-4

如不想图中有些信息出现在图纸中，选中图纸，点击"激活视图 ![激活视图视口]"，将不需要显示的构件选中，鼠标右键选中"在视图中隐藏"，选择图元，完成后点击鼠标右键，选中"取消激活视图"。点击图纸，将图纸名称修改好后放置在合适位置（如图 19-5）。

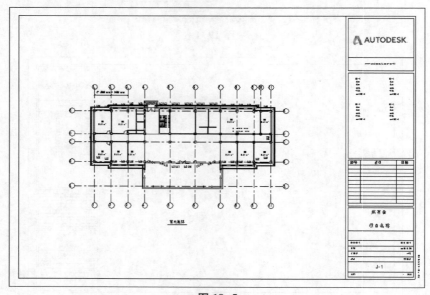

图 19-5

完成后在项目浏览器中图纸部分将出现设置好的图纸。

点击，点击"导出"，选择 CAD 格式下的 DWG 格式（如图 19-6），进入"DWG 导出"设置（如图 19-7），点击"下一步"，进行文件名和文件类型的设置。

图 19-6

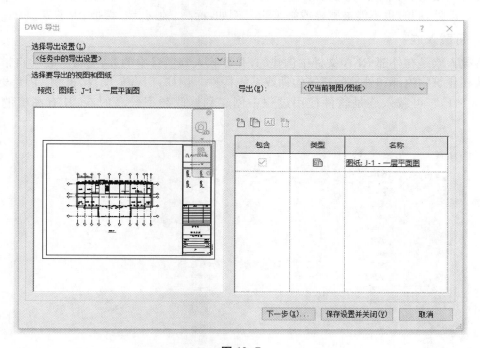

图 19-7

第二十章

族

一、族的概念和分类

族分为内建族、系统族和可载入族三类。

1. 系统族

系统族是指在软件中预定义的，由软件自带的图元，不能从外部文件中载入，也不能保存到项目以外，同时也不能被删除或被编辑。例如：标高、轴网、墙、楼板、管道等。

2. 可载入族

可载入族是在外部 RFA 文件中创建的，并可载入到项目中的族，通常为软件自带的用于安装在建筑物内部和外部的建筑构件或系统构件。例如：门、窗、家具、植物、卫生设备等（如图 20-1）。可载入族是软件使用过程中创建和修改频率最高的族，具有高度的自定义性。

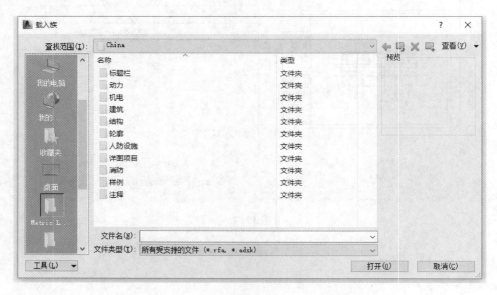

图 20-1

3. 内建族

内建族是指在项目中自行创建的只存在于当前项目中的独特图元。内建族只能依附于当前项目而存在。

二、族样板

族样板是指与所要创建的族的图元类型相对应的样板。包括公制样板(如图 20-2)和基于主体的样板(如图 20-3)。基于墙、天花板、楼板和屋顶的样板称为基于主体的样板。公制样板可以放置在项目中的任意位置;基于主体的样板只能放置于主体上,例如门窗只能放置于墙上。

名称	修改日期	类型
公制常规模型	2015/3/2 18:46	Revit Family T
公制场地	2015/3/2 18:46	Revit Family T
公制橱柜	2015/3/2 18:46	Revit Family T
公制窗 - 幕墙	2015/3/2 18:46	Revit Family T
公制窗	2015/3/2 18:46	Revit Family T
公制电话设备	2015/3/2 21:27	Revit Family T
公制电话设备主体	2015/3/2 21:27	Revit Family T
公制电气设备	2015/3/2 18:46	Revit Family T
公制电气装置	2015/3/2 18:46	Revit Family T
公制分区轮廓	2015/3/2 18:35	Revit Family T
公制风管 T 形三通	2015/3/2 21:27	Revit Family T
公制风管过渡件	2015/3/2 21:27	Revit Family T

图 20-2

名称	修改日期	类型
基于墙的公制机械设备	2015/3/2 18:46	Revit Family T
基于墙的公制聚光照明设备	2015/3/2 18:46	Revit Family T
基于墙的公制卫浴装置	2015/3/2 18:46	Revit Family T
基于墙的公制线性照明设备	2015/3/2 18:46	Revit Family T
基于墙的公制照明设备	2015/3/2 18:46	Revit Family T
基于墙的公制专用设备	2015/3/2 18:46	Revit Family T
基于天花板的公制常规模型	2015/3/2 18:46	Revit Family Ten
基于天花板的公制电气装置	2015/3/2 18:46	Revit Family T
基于天花板的公制机械设备	2015/3/2 18:46	Revit Family T
基于天花板的公制聚光照明设备	2015/3/2 18:46	Revit Family T
基于天花板的公制线性照明设备	2015/3/2 18:46	Revit Family T
基于天花板的公制照明设备	2015/3/2 18:46	Revit Family T

图 20-3

三、族的创建和编辑

在"族"中点击"新建"(如图 20-4),选择样板文件,选择"公制常规模型"(如图 20-5)。

进入绘图界面。点击"创建"进入创建族的绘图模式。在族的创建中，在楼层平面中只有一个参照标高（如图 20-6），可以通过点击参照标高，返回绘图模式，并通过"编辑拉伸 "，再次对绘制的形状进行编辑。

图 20-4

图 20-5

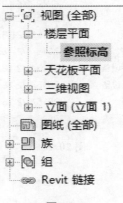

图 20-6

族形状的创建包括拉伸、融合、旋转、放样、放样融合五种方法（如图 20-7），以上五种方法创建的是实体形状。此外，还可以创建空心形状。

拉伸 融合 旋转 放样 放样融合

图 20-7

1. 实体形状的创建

（1）拉伸

点击"拉伸"，首先绘制形状的样式，例如绘制一个六边形（如图 20-8）。在属性栏中确定拉伸的起点和终点（如图 20-9），点击"确定"即可生成一个拉伸形状（如图 20-10）并完成拉伸族的创建（如图 20-11）。进入三维模式（如图 20-12），可通过拖动箭头对形体进行拉伸编辑（如图 20-13）。

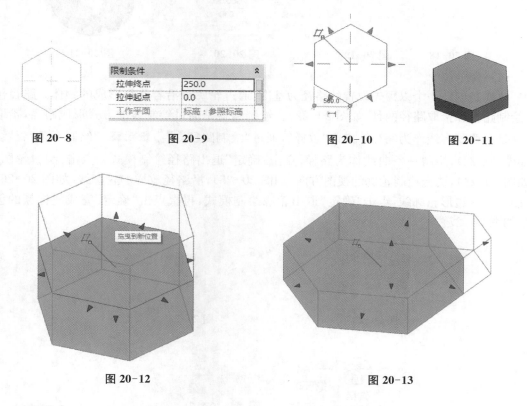

限制条件	
拉伸终点	250.0
拉伸起点	0.0
工作平面	标高：参照标高

图 20-8　　　图 20-9　　　　　图 20-10　　　图 20-11

图 20-12　　　　　　　　　　图 20-13

（2）融合

融合是由形体的底部和顶部形状共同创建一个物体。点击"融合"，首先绘制底部形状，例如一个六边形（如图 20-14）。点击"编辑顶部 编辑顶部"，在属性栏中输入顶部形状的高度（如图 20-15），绘制顶部形状，例如一个圆形（如图 20-16），点击"确定"完成融合族的创建（如图 20-17）。

图 20-14　　　　　图 20-15　　　　　　　　图 20-16　　　　　图 20-17

（3）旋转

旋转是创建一个以旋转轴为中心，绕轴旋转形成的物体。点击"旋转"，例如绘制一个圆环，首先绘制边界线（如图 20-18），再绘制轴线（如图 20-19），设置旋转角度为 360 度（如图 20-20），点击"确定"即可生成一个圆环的旋转族（如图 20-21）。

图 20-18　　　图 20-19　　　　　　　图 20-20　　　　　　图 20-21

（4）放样

放样是创建一个以预先设置的路径为基准，通过轮廓线沿着路径形成的物体。路径包括绘制路径和拾取路径两种（如图 20-22）。绘制路径是通过绘制线的方式形成路径，拾取路径是拾取既有线作为路径。点击"放样"，通过"绘制路径 ✏️ 绘制路径"绘制一条路径线（如图 20-23），绘制一条曲线作为路径，点击"确定"退出路径绘制模式。点击"编辑轮廓"（如图 20-24），选择绘制轮廓的视图方向（如图 20-25），沿路径放样的轮廓线（如图 20-26）绘制一个六边形轮廓线，点击"确定"退出轮廓绘制模式，再次点击"确定"完成放样族的创建（如图 20-27）。

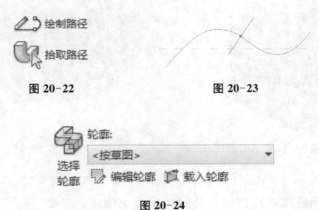

图 20-22　　　　　　　　　　　图 20-23

图 20-24

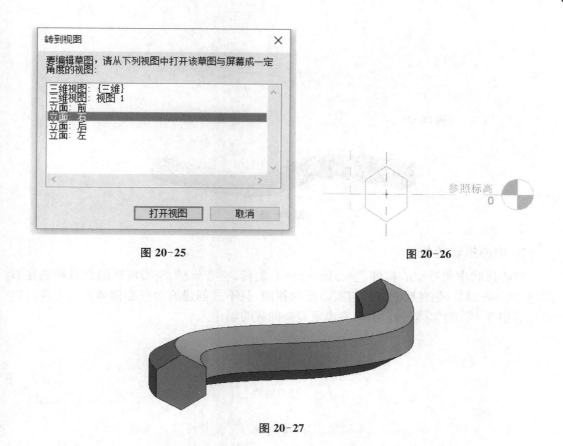

图 20-25

图 20-26

图 20-27

（5）放样融合

放样融合是将放样和融合相结合，以不同的截面轮廓通过放样的方式，融合形成一个物体。点击"放样融合"，绘制路径（如图 20-28），点击"确定"完成路径的绘制。分别在"选择轮廓 1"和"选择轮廓 2"中点击"编辑轮廓"（如图 20-29），绘制起点（如图 20-30）和终点（如图 20-31）的轮廓线，点击"确定"完成编辑轮廓（如图 20-32）。再次点击"确定"完成放样融合族的创建（如图 20-33）。

图 20-28

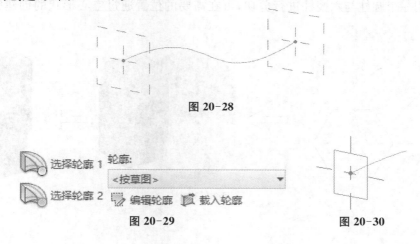

选择轮廓 1 轮廓：
　　　　　　＜按草图＞

选择轮廓 2 编辑轮廓 载入轮廓

图 20-29

图 20-30

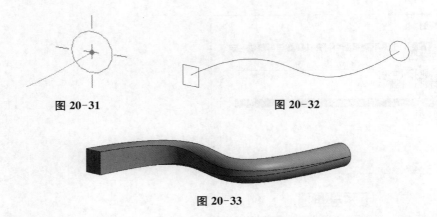

图 20-31   图 20-32

图 20-33

2. 空心形状的创建

空心形状中包括空心拉伸、空心融合、空心旋转、空心放样、空心放样融合五种创建方法（如图 20-34）。创建族的方式与实心形状相同，只不过创建的为空心物体。空心族可以通过剪切等方式对实体进行切割，完成更复杂的族的创建。

空心拉伸

空心融合

空心旋转

空心放样

空心放样融合

图 20-34

例如用一个圆柱与六棱柱进行剪切，可在需要的位置通过空心形状的创建完成（如图 20-35）。

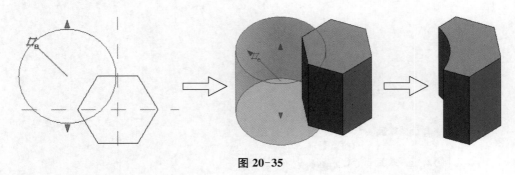

图 20-35

对于实体形状也可以通过属性栏中的"实心/空心"切换（如图20-36）转变为空心形状（如图20-37）。由实心形状转换为空心形状的物体则不能直接与其他物体进行切割，而需要通过剪切命令，分别选中两个物体完成剪切。点击"剪切"命令下的"取消剪切几何图形"，分别选中之前参与剪切的物体，则可使其恢复到剪切前的状态。

图 20-36

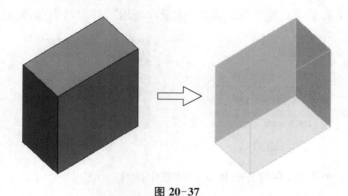

图 20-37

第二十一章

体　量

一、体量的概念和分类

体量是指由一系列绘制的线条共同组合生成的三维模型。体量包括内建体量和概念体量。内建体量是基于项目建立的。点击"体量和场地"，即显示内建体量（如图21-1）。

图 21-1　　　　　　　　　图 21-2

概念体量是单个文件，在打开软件显示的族中体现（如图21-2）。

二、体量的创建

创建体量首先需要建立标高或辅助平面进行准确的定位，再在对应的标高位置绘制轮廓线，进而生成实心或空心的模型。

1. 概念体量

点击"新建概念体量"，软件中只有一个公制体量样板（如图21-3）。打开公制体量样板，体量是在由三个面作为基准组成的空间中进行创建的。这三个面分别为一个平面和两个立面（如图21-4，图21-5，图21-6）。在工具栏中应用绘制部分提供的功能（如图21-7）完成构成体量的各种轮廓的绘制。

在"创建 创建"中点击"标高 标高"，根据创建的体量的截面等情况设置标高线。或

者通过复制的方式，以第一个标高为基础进行复制完成标高的设置（如图21-8）。使用View Cube旋转至三维视角，即可看到在界面中建立了不同的标高平面（如图21-9）。

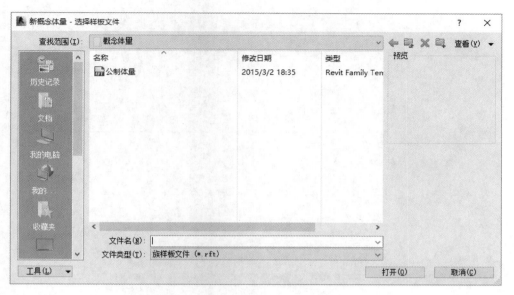

图 21-3

图 21-4

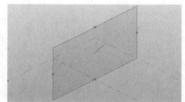

图 21-5

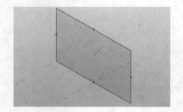

图 21-6

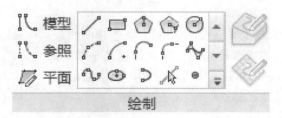

图 21-7

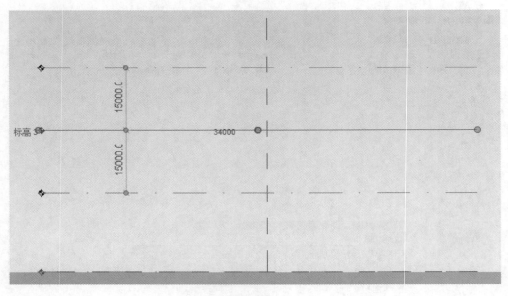

图 21-8

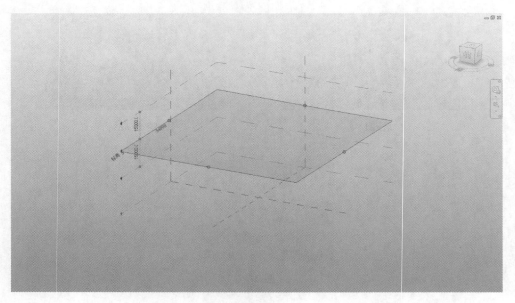

图 21-9

恢复到俯视图角度，可以在平面中绘制需要创建的线条轮廓。在放置平面中可以选择绘制图形所在的标高平面（如图 21-10）。例如在标高 1、标高 2 中分别绘制一个六边形和一个正方形（如图 21-11）。

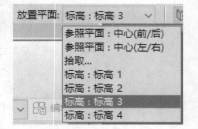

图 21-10

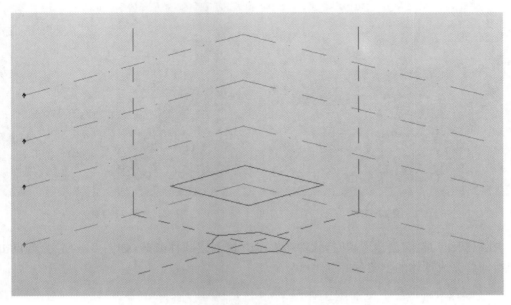

图 21-11

选中这两个轮廓线,点击"创建形状 ",软件会默认创建实心形状,此时即可完成一个体量的创建(如图 21-12)。若创建空心形状,点击创建形状下拉菜单,选择空心形状即可。创建的体量模型可以通过选择不同的端点、边线和在 X、Y、Z 三个方向进行调整,形成需要的模型形状(如图 21-13,图 21-14)。

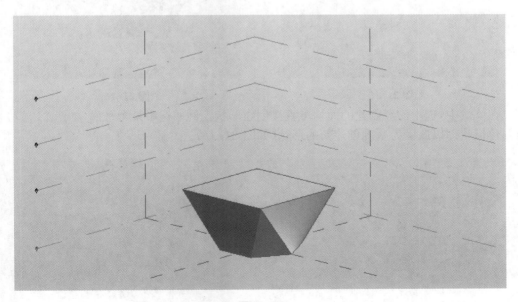

图 21-12

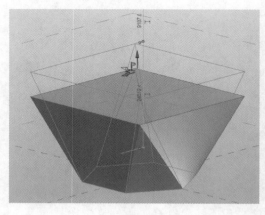
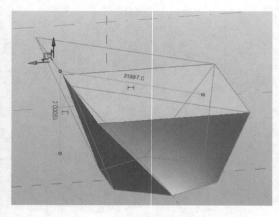

图 21-13　　　　　　　　　　　　　　　　　　图 21-14

在以圆作为轮廓创建形状时，软件会提示选择创建圆柱或球（如图 21-15）。若点击创建球，即可完成球体的创建（如图 21-16）。

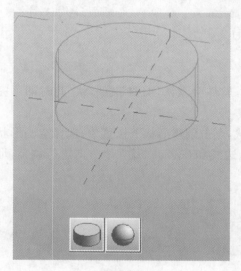
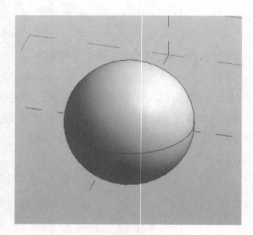

图 21-15　　　　　　　　　　　　　　　　　　图 21-16

在体量中，选中已经创建的面均可直接创建形状。例如选中某个平面（如图 21-17），点击创建形状即以此面为基础创建新的形状（如图 21-18）。

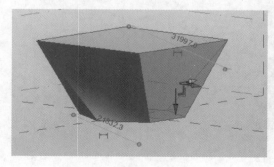
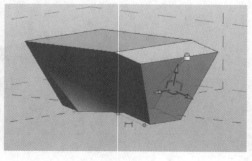

图 21-17　　　　　　　　　　　　　　　　　　图 21-18

通过创建体量的功能同样能够完成在族中拉伸、旋转、放样等操作。例如创建一段曲线管道,首先绘制管道的路径(如图 21-19),其次设置工作面,点击"设置 "选择路径的端点,点击"显示 ",即可显示在路径端点设置的工作面(如图 21-20),在工作面上即可进行管道轮廓的绘制(如图 21-21),也可以通过"查看器 查看器"在垂直角度进行绘制或查看(如图 21-22),最后选中管道的轮廓线和路径曲线,点击"创建形状",即可完成(如图 21-23)。

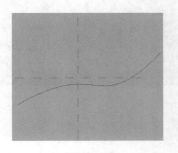

图 21-19

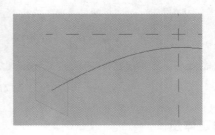

图 21-20

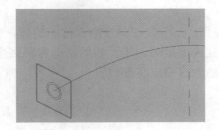

图 21-21

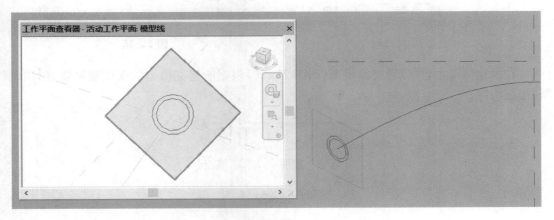

图 21-22

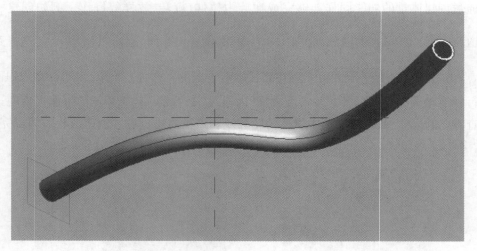

图 21-23

2. 内建体量

新建项目，在体量和场地中选择"内建体量 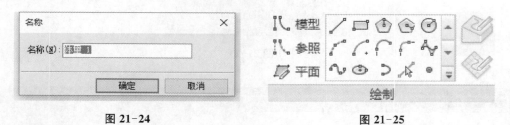"，对拟创建的物体命名（如图 21-24）。

在绘图工具栏中使用绘图线条（如图 21-25）绘制物体的轮廓。在不同的标高中创建物体的轮廓，点击"创建形状"即可完成体量的创建。如果物体需要多个标高完成不同位置轮廓线的绘制，可以通过参照平面的方式确定高度位置。

图 21-24   图 21-25

在内建体量中，可以通过面模型（如图 21-26）根据所建立模型的面创建幕墙、屋顶、墙和楼板构件。

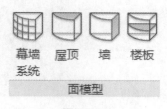

图 21-26

参考文献

［1］ 何关培.BIM 总论［M］.北京：中国建筑工业出版社,2011.

［2］ 刘占省,赵雪锋.BIM 技术与施工项目管理［M］.北京：中国电力出版社,2015.

［3］ BIM 工程技术人员专业技能培训用书编委会.BIM 建模应用技术［M］.北京：中国建筑工业出版社,2016.

［4］ 朱溢镕,焦明明.BIM 建模基础与应用：Revit 建筑［M］.北京：化学工业出版社,2017.

［5］ 益埃毕教育.全国 BIM 技能一级考试 Revit 教程［M］.北京：中国电力出版社,2017.

［6］ 王全杰,朱溢镕,刘师雨.办公大厦建筑工程图（第 4 版）［M］.重庆：重庆大学出版社,2014.